エクセル統計学

改訂新版

共著
柳澤 幸雄 ／ 宇田川 誠一
谷口 哲也 ／ 山下 俊恵

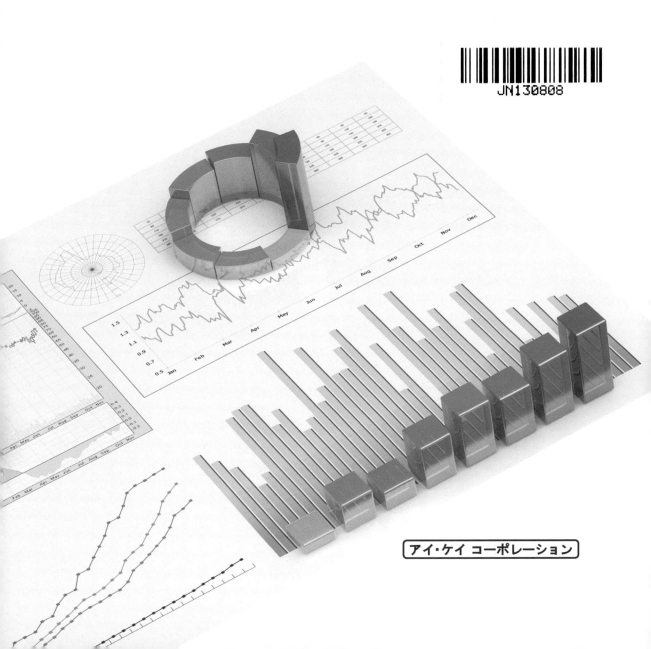

アイ・ケイ コーポレーション

改訂の序

統計学の理論は，解析学，線形代数学，微分方程式を理解していなければならず，学生さん，特に初学年の学生さんにとって理解するにはハードルが高いものの一つである。そこで，本書は理論的な難解さを補うために，理解の補助として例題や演習問題を設け，さらに計算やグラフ化を Microsoft 社のソフトウェアである EXCEL を用いて行うものである。今回改訂新版「EXCEL 統計学」とするにあたり，改定の内容について一言説明することとする。

日本大学医学部では情報科学の授業でこの本を教科書として使用していたこともあり，「EXCEL 統計学」を新版とするにあたり柳沢幸雄先生より著者として加わるようにお誘いをいただいた。

本書の出版にあたっては，第10章に「一元配置分散分析」に続けて「二元配置分散分析」の節を追加し，さらに，応用として「一元配置分散分析(対応がある場合)」を追加した。また，第11章に「適合度，独立性の検定」を，第12章に「生存時間分析」を追加した。一元配置分散分析(対応がある場合)については，適応モデルにいくつかの制限があるが，二元配置分散分析の学習の入門としての位置づけを重要視して例題を解説することとした。第11章については，χ^2 検定の方法を例題で解説し，適用の条件を明示すると同時に，Fisher の直接確率法についても解説した。第12章については，よく知られた Kaplan-Meier の生存曲線を EXCEL で描く方法を詳しく解説し，生存率の95％信頼区間の計算方法について詳しく解説した。生存率の比較については，ログランク検定と一般化 Wilcoxon 検定について例題を用いて解説した。

以上述べた追加の内容は，医学系のコアカリキュラムの準備教育に対応したものであり，外せないものである。理学系・工学系のみならず医歯薬系の学生さんにとって，本書が統計の学習の一助になれば幸いである。

2018 年 1 月

宇田川誠一／谷口哲也／柳澤幸雄／山下俊恵

序

　計算機があまり発達していなかった時代の統計学の本は，数学的な理論が主か，あるいは計算方法が主であるか2系統に分かれていました。理論が主であれば手計算による実際のデータの解析や検証は煩わしく，計算が主であれば理論的な背景に理解が及ばなくなる傾向がありました。

　計算機の発達はその二律背反を見事に解消してくれました。エクセルなどの簡単な表計算ソフトや，多くの統計ソフトウェアーパッケージを上手に利用することにより，計算の難しさや煩わしさは解消されました。これは実際にデータを処理する人々にとって大変喜ばしいことです。その結果としてエクセルや統計ソフトウェアーパッケージを利用しての統計学の本がたくさん出版されるようになりました。多くのエクセルを利用した統計学の本は，エクセルに組み込まれている統計関数の利用が主で，その出力結果をどのように読みとり，解釈し，理解し，利用していくかにまでは触れている本は少ないようです。

　統計の理論や計算の意味などを知らずに，データをエクセルに組み込まれている関数を用いて計算し，得られた結果を無条件に利用し，結論を導き出すことは避ける必要があります。そこで，本書は初めて統計学を学び，エクセルもあまり利用したことのない学生さんが統計学とエクセルを関連づけて学ぶことができ，そのうえにデータをエクセルで処理した結果を理解するためには，どんなことに注意を払う必要があるか，といった点に重きを置いて書いてみました。本書では多くの統計量(式)を導入しますが，同じような目的をもつ異なった式はたくさん考えられております。その中で，なぜ導入した式を使い，他の似通った式を使用しなかったのか，数学的な内容や，その背後にある理論や数式の展開をなるべく易しく説明したつもりです。本書を読むことで，それぞれの分野で統計の初歩の推定や検定を使いこなせるようになり，統計学に興味をもたれる学生さんが一人でも増えれば，著者の喜びです。

柳澤　幸雄

目　次

1　基礎知識　　　　　　　　　　　　　　　　　　　　　　　　　　　柳澤　幸雄

- **1-1**　母集団と標本 ··· 8
- **1-2**　離散型と連続型 ··· 8
- **1-3**　記述統計によるデータの要約 ··· 9
  - **1-3-1**　位置の尺度（平均値）··· 9
  - **1-3-2**　散らばりの尺度（範囲，分散，標準偏差）································ 13
- **1-4**　演習問題 ··· 16

2　確率の基礎　　　　　　　　　　　　　　　　　　　　　　　　　　　柳澤　幸雄

- **2-1**　事象空間 ··· 17
- **2-2**　確率の定義 ·· 18

3　確率関数　　　　　　　　　　　　　　　　　　　　　　　　　　　　柳澤　幸雄

- **3-1**　離散型の確率変数 ··· 19
- **3-2**　連続型の確率変数 ··· 19
- **3-3**　正規分布 ··· 20
  - **3-3-1**　正規分布の確率密度関数，分布関数 ··· 20
- **3-4**　標本平均の分布 ·· 21

4　統計的推論　　　　　　　　　　　　　　　　　　　　　　　　　　　柳澤　幸雄

- **4-1**　推　定 ·· 25
  - **4-1-1**　区間推定 ·· 26
- **4-2**　演習問題 ··· 33

5　統計的仮説検定　　　　　　　　　　　　　　　　　　　　　　　　　柳澤　幸雄

- **5-1**　統計的仮説検定の方法 ·· 36
- **5-2**　演習問題 ··· 40

6　2つの母集団に対する統計的推論　　　　　柳澤　幸雄

- 6-1　2つの母集団からそれぞれ独立な標本を得た場合の μ_1 と μ_2 に対する信頼区間と検定 ………… 41
- 6-2　2つの標本がペアのときの μ_1 と μ_2 に対する検定 ………… 54
- 6-3　演習問題 ………… 58

7　2つの母集団における等分散性の検定　　　　　柳澤　幸雄

- 7-1　両側検定 ………… 60
- 7-2　片側検定 ………… 62
- 7-3　演習問題 ………… 65

8　回帰直線　　　　　柳澤　幸雄

- 8-1　回帰直線の推定 ………… 66
- 8-2　回帰直線の統計的検定 ………… 69
- 8-3　演習問題 ………… 72

9　重回帰分析　　　　　柳澤　幸雄

- 9-1　重回帰分析のモデル，その推定と検定 ………… 74
- 9-2　説明変数の選択法 ………… 80
- 9-3　回帰係数の意味 ………… 84
- 9-4　演習問題 ………… 88

10　分散分析　　　　　柳澤幸雄〈10-1, 4〉，宇田川誠一〈10-3, 4〉，山下俊恵〈10-2, 4〉

- 10-1　一元配置分散分析 ………… 92
- 10-2　多元配置分散分析 ………… 100
- 10-3　一元配置分散分析（対応がある場合） ………… 112
- 10-4　演習問題 ………… 115

11　適合度，独立性の検定　　　　　谷口　哲也

- 11-1　適合度の χ^2 検定 ………… 118
- 11-2　独立性の χ^2 検定 ………… 120
- 11-3　演習問題 ………… 125

12 生存時間分析　　　　　　　　　　　　　　　　　　　　　　　　　　宇田川誠一

- 12-1　Kaplan-Meier 生存時間の推定 ……………………………………………… 126
- 12-2　生存率曲線 ……………………………………………………………………… 130
- 12-3　ログランク検定と一般化 Wilcoxon 検定 …………………………………… 133
- 12-4　コックス回帰分析 …………………………………………………………… 136
- 12-5　演習問題 ……………………………………………………………………… 138

13 「演習問題」の解説と解答　　柳澤幸雄⟨13-1〜8⟩, 谷口哲也⟨13-9⟩, 宇田川誠一⟨13-8,10⟩, 山下俊恵⟨13-8,10⟩

- 13-1　基礎知識　「演習問題」 ……………………………………………………… 139
- 13-2　統計的推論　推定　「演習問題」 …………………………………………… 140
- 13-3　統計的仮説検定　「演習問題」 ……………………………………………… 142
- 13-4　2つの母集団に対する統計的推論　「演習問題」 ………………………… 146
- 13-5　2つの母集団における等分散性の検定　「演習問題」 …………………… 159
- 13-6　回帰直線　「演習問題」 ……………………………………………………… 159
- 13-7　重回帰分析　「演習問題」 …………………………………………………… 166
- 13-8　分散分析　「演習問題」 ……………………………………………………… 181
- 13-9　適合度，独立性の検定　「演習問題」 ……………………………………… 194
- 13-10　生存時間分析　「演習問題」 ………………………………………………… 195

索　引 ……………………………………………………………………………………… 241

1 基礎知識

1-1 母集団と標本

　母集団とは，私たちが知識や情報を得たいと思っている対象のすべてで，それは数値の集合とか，あるいは，ある種の性質や項目の集合である。集合に対応づけると全体集合になる。その母集団の部分集合を**標本**という。

　例えば，チューリップに10ccの水を与え，1週間でどのくらいその背丈が伸びるか測定する。チューリップの中には，成長が早いものもあるし，また逆に遅いチューリップもある。測定されるチューリップの成長は，観測されるチューリップによって，その成長はまちまちである。この成長記録全体が母集団となる。例えば，考えられるすべてのチューリップの成長記録を母集団とする。すると，世界中のすべてのチューリップに10ccの水を与え，その成長を観察して記録することになるが，実際にすべてのチューリップに10ccの水を与えてその成長を観測することは不可能である。そこで例えば，50本のチューリップを選ぶとすると，その50本のチューリップの測定結果が標本となる。

　実験をする場合には，その実験によってどのような結論が引き出されるか考える必要がある。実験結果として得られる結論は，実験対象のチューリップだけについて得たいのではなく，その結論は，母集団のすべてのチューリップに，もし仮に同じ実験をしたと仮定したら導き出される，母集団に共通した普遍的な結論を求めている。実験を行う前に，何を母集団にするかが実験の結論を左右することになる。

　母集団は有限な場合も，また無限な場合もある。有限の場合は有限母集団，無限の場合は無限母集団という。チューリップの例では，いま研究対象としているチューリップが目の前にあるものだけと考えれば有限母集団，過去から未来のチューリップまで考察の対象とすると，それは一般には無限となるので，無限母集団となる。

　したがって母集団とはデータを解析する人が，「何をすべてのデータの集まり」と考えるかによって変わってくる。

1-2 離散型と連続型

　データの種類には離散型と連続型がある。身長，体重，湿度，気温などは，その値がある区間内であればどのような値でも取り得る。このようなデータを**連続型のデータ**という。これに対し，ある区間内の特定の値しかとれないデータを**離散型のデータ**という。例えば，離散型のデータは，動物や植物の数，事故の数，単位時間内に来店するお客の数などがある。

1-3　記述統計によるデータの要約

母集団のすべてのデータ，あるいは標本のデータより，データを集めること，さらに集められたデータについて，次に示すように平均値や中央値などの位置の尺度や，分散，標準偏差などの散らばりの尺度，データの対称性などを計算し，現象を記述する方法を記述統計学という。これに対し，標本と母集団の認識を明確化させ，標本より得られた情報から母集団のある性質を推定する方法，また母集団のある性質が正しいといえるか検証する方法を推測統計学という。

1-3　1　位置の尺度（平均値）

位置の尺度は，データの中心がどこにあるか調べる目的のため計算される。データがたくさん羅列されているだけでは，どのようなデータであるのか全体を把握するのは難しい。そのためデータの中心や，散らばりの度合い，対称性などの特性を知ることが重要になる。データの中心を明確に定義するため，位置の尺度を考え，その尺度としては平均（平均値），中央値，最頻値，幾何平均，調和平均などがある。

(1) 平均値

平均値は最も一般的に使用されている位置の尺度である。

いま，標本の全ての要素が $x_1, x_2, \cdots, x_n$ のとき，標本平均 $\bar{x}$ （エックスバーと読む）は

$$\bar{x} = \frac{x_1 + x_2 + \cdots + x_n}{n} = \frac{1}{n}\sum_{i=1}^{n} x_i$$

で与えられる。

母集団のすべての要素が $x_1, x_2, \cdots, x_N$ であるとき，母集団の平均値（母平均）μ（ミューと読む）は

$$\mu = \frac{x_1 + x_1 + \cdots + x_N}{N} = \frac{1}{N}\sum_{i=1}^{N} x_i$$

で与えられる。

例題

いま，ある大学内で，一か月間に起きた事故の回数（回数/月）を12か月にわたって調べたところ次のような結果が得られました（人工データ）。

　　5, 8, 5, 4, 12, 7, 13, 10, 8, 6, 8, 7

平均値を計算しなさい。

解

この12か月だけがわれわれの興味の対象であるなら，これは母集団であるから母集団の平

均値 μ は

$$\mu = \frac{5+8+\cdots+7}{12} = 7.75$$

となる。

また，われわれの興味の対象が，この12か月だけでなく，過去どのくらい事故が起こったのか，また将来どのくらい事故が起こるかにも興味がある場合は，この12か月は，われわれの興味の対象の一部分であるから標本となる。

標本平均 $\bar{x}$ は

$$\bar{x} = \frac{5+8+\cdots+7}{12} = 7.75$$

となる。

エクセルを使用してこの計算をすると，A1, A2, …, A12にデータを入力し，求める平均値をA13に記録させる。カーソルをA13に移し，マウスの左ボタンを押してから，関数 fx の箱に"=AVERAGE(A1：A12)" を入力し，Enterキーを押すと答えが得られる。

〔注意〕
エクセルでは，平均値の計算はできるが，それが母集団の平均値であるか，あるいは標本の平均値であるかは，計算をする人が考えることである。

(2) 中央値

中央値はデータの真ん中の値である。中央値より小さいデータは全体の50%あり，中央値より大きいデータも，全体の50%ある。中央値は，特に，データが極端に左右非対称な場合や，順位データの場合などに用いられる。

いま，標本が $x_{[1]} \leq x_{[2]} \leq \cdots \leq x_{[n]}$ のとき，中央値は小さいほうから並べて $\dfrac{n+1}{2}$ 番目の値である。つまり n が奇数の場合，中央値は

$$x_{\left[\frac{n+1}{2}\right]}$$

で，n が偶数の場合，中央値は

$$\frac{1}{2}\left(x_{\left[\frac{n}{2}\right]} + x_{\left[\frac{n+2}{2}\right]}\right)$$

である。

例題

一か月間に起きた事故の回数のデータより，中央値を求めなさい。

解

カーソルをA 14に移し，マウスの左ボタンを押してから，関数 fx の箱に"= MEDIAN(A 1: A 12)"を入力を入力し，Enterキーを押すと，中央値7.5が得られる。

もう一つの 解法

　エクセルを使用すると，入力したデータを小さい順，または大きい順に並べ替えることができる。カーソルをA1に移動し，マウスの左ボタンを押したまま，さらにカーソルをA12に移動する。ここでマウスの左ボタンから指を離すと，A1, A2, …, A12は青色の四角で囲まれる。ツールバーのデータにカーソルを移動し，並べ替えを選ぶと，下の画面が得られるので，昇順を選び，OKを押すと，データは小さい順に並べかえられる。

　エクセルによる結果は，次のようになる。

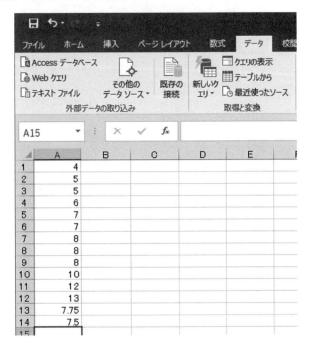

$n = 12$ で，n が偶数であるから，中央値は $\dfrac{n+1}{2} = \dfrac{12+1}{2}$ 番目の値である。

したがって中央値は

$$\frac{1}{2}\left(x_{\left[\frac{n}{2}\right]} + x_{\left[\frac{n+2}{2}\right]}\right) = \frac{1}{2}\left(x_{[6]} + x_{[7]}\right) = \frac{1}{2}(7+8) = 7.5$$

である。

1-3　2　散らばりの尺度（範囲，分散，標準偏差）

散らばりの尺度には範囲，分散，標準偏差などがある。これらの散らばりの尺度は，どれも散らばりの度合いが大きくなればなるほど，それらの値も大きくなり，データが真ん中に集中しているほどそれらの値も小さくなる。

(1) 範 囲

範囲は H と L をそれぞれ，最大値，ならびに最小値とするとき

$$H - L$$

で与えられる。

例題

一か月間に起きた事故の回数のデータより，範囲を求めなさい。

解

カーソルを A 15 に移し，マウスの左ボタンを押してから，関数 fx の箱に "= MAX(A 1：A 12) − MIN(A 1：A 12)" を入力を入力し，Enter キーを押すと，範囲 9 が得られる。

(2) 分散と標準偏差

母集団のすべての要素が $x_1, x_2, \cdots, x_N$ であるとき,母集団の分散 σ^2(シグマ2乗と読む)は

$$\sigma^2 = \frac{(x_1-\mu)^2+(x_2-\mu)^2+\cdots+(x_N-\mu)^2}{N} = \frac{x_1^2+x_2^2+\cdots+x_N^2-N\mu^2}{N}$$

で与えられ,母集団の標準偏差 σ(シグマと読む)は

$$\sigma = \sqrt{\frac{(x_1-\mu)^2+(x_2-\mu)^2+\cdots+(x_N-\mu)^2}{N}} = \sqrt{\frac{x_1^2+x_2^2+\cdots+x_N^2-N\mu^2}{N}}$$

で与えられる。

標本のすべての要素が $x_1, x_2, \cdots, x_n$ のとき,不偏分散 s^2 は

$$s^2 = \frac{(x_1-\bar{x})^2+(x_2-\bar{x})^2+\cdots+(x_n-\bar{x})^2}{n-1} = \frac{x_1^2+x_2^2+\cdots+x_n^2-n\bar{x}^2}{n-1}$$

で与えられ,不偏分散より得られた標準偏差 s は

$$s = \sqrt{\frac{(x_1-\bar{x})^2+(x_2-\bar{x})^2+\cdots+(x_n-\bar{x})^2}{n-1}} = \sqrt{\frac{x_1^2+x_2^2+\cdots+x_n^2-n\bar{x}^2}{n-1}}$$

で与えられる。

標準偏差の2乗を分散という。母集団の分散,母集団の標準偏差,不偏分散,不偏分散より得られた標準偏差は,データが散らばっているときは,それらの値は大きく,データが真ん中に集中しているときは,それらの値は小さい。またデータが1点に集中しているときは,それらの値はすべて0となる。

● なぜ平均値や分散を求めるのか

多くの数値が羅列されている場合,いったいそれらの数値はどんな情報をもっているのだろうか。ただ数値が羅列されているだけでは,われわれは,それらがどのような数値の集まりであるのか理解するのは困難である。多くの数字の集団の概要を理解するため,データの中心や散らばり度合いを計算する。これらのデータの中心や散らばりの度合いを,データの代表値という。位置の尺度や,散らばりの尺度を使うことで,データがどのあたりにあり,どの範囲に集中しているのか大まかにデータの情報が得られる。

● なぜ標本の平均や不偏分散を計算するのか

母集団の平均値や分散は,それぞれ唯一の値であるが,標本の平均値や分散は,標本の選び方によってそれらの値が変わってくる。標本の平均値や分散を計算する目的は,標本のもっているデータの中心や散らばりの度合いを計算することの他に,母集団の中心や散らばりの度合いを推定したいとの目的がある。この母集団の情報を推定するために標本を用いる場合,標本の平均値や分散は,標本の選び方によって,それらの値が変わってくるので,なるべく母集団の平均値や分散に近い値を得たい。この目的の為にはどのような計算式を使うべきか。

● なぜ不偏分散というのか,またなぜ不偏分散を計算するのか

母集団の分散 σ^2 を計算する場合,2乗和を N 個足すのであるから,N で割ってある。今 n を N に比較し,ずっと小さい数とする。不偏分散 s^2 は,2乗和を n 個足しているが,n ではな

く，$n-1$で割っている。これには以下のような理由がある。母集団の要素の数はNであり，この母集団の中からn個の要素を選び不偏分散s^2を計算する。このn個の要素を大きさnの標本といい，このnを標本の大きさという。さらに母集団の中から大きさnの別の標本を選び，不偏分散s^2を計算する。このように可能な限り大きさnの別の標本を選び不偏分散s^2を計算する操作を繰り返す。たくさんの不偏分散s^2が得られるが，可能な限りすべての不偏分散を求め，その平均を計算すると，その値は母集団の分散σ^2に一致する。つまり，不偏分散s^2は母集団の分散σ^2から偏っていないという意味で不偏分散とよばれる。不偏分散σ^2の平均値が母集団の分散σ^2であることは，たくさんの不偏分散s^2が，その平均値である母集団の分散s^2の近くに集まる傾向があると考えられる。したがって，標本から母集団の分散を推定する場合，nではなく，$n-1$で割った不偏分散がよく用いられる。

例題

一か月間に起きた事故の回数のデータより，適当な分散ならびに標準偏差を求めなさい。

解

カーソルをA16に移し，マウスの左ボタンを押してから，エクセルの関数fxの箱に"= STDEV(A1：A12)"を入力し，Enterキーを押す。カーソルをA17に移し，マウスの左ボタンを押してから，関数fxの箱に"= VAR(A1：A12)"を入力し，Enterキーを押すと，それぞれ不偏分散より得られた標準偏差と，不偏分散が得られる。

この12か月だけが興味の対象でないときは，与えられたデータは標本であり，不偏分散より得られた標準偏差sは$s=2.767506$で，不偏分散s^2は$s^2=7.659091$で与えられる。

A16		× ✓ fx	=STDEV(A1:A12)		
	A	B	C	D	E
1	5				
2	8				
3	5				
4	4				
5	12				
6	7				
7	13				
8	10				
9	8				
10	6				
11	8				
12	7				
13	7.75				
14	7.5				
15	9				
16	2.767506				
17					

A17		× ✓ fx	=VAR(A1:A12)		
	A	B	C	D	E
1	5				
2	8				
3	5				
4	4				
5	12				
6	7				
7	13				
8	10				
9	8				
10	6				
11	8				
12	7				
13	7.75				
14	7.5				
15	9				
16	2.767506				
17	7.659091				
18					

この12か月だけが興味の対象のときは，与えられたデータは母集団であり，エクセルの関数fxの箱に"= STDEVP(A1：A12)"を入力し，Enterキーを押す。関数fxの箱に"= VARP(A1：A12)"を入力し，Enterキーを押すと，それぞれ母集団の標準偏差と分散が得られる。

1-4　演習問題

1. ある道路で1分以内に何台車が通過するか，調べたところ，ある10分間の記録は，以下のようでした（人工データ）。

    5，　3，　6，　4，　6，　2，　4，　5，　4，　6

    平均値，中央値，分散，標準偏差を求めなさい。またこのデータは標本でしょうか，あるいは母集団でしょうか。

2. ある会社で午前9時00分から9時30分までの電話を，無作為に15件選び，電話の使用時間（分）を記録し，次のデータが得られました（人工データ）。

    3.1，　1.2，　9.1，　0.7，　3.0，　1.0，　0.7，　1.9，　4.8，　0.1，　0.4，
    1.3，　0.4，　3.8，　0.9

    平均値，中央値，分散，標準偏差を求めなさい。またこのデータは標本でしょうか，または母集団でしょうか。

3. ベアリングの部品として使用するボールを無作為に9個選び，その直径（mm）を測定し，次の結果を得ました（人工データ）。

    8.04，　7.98，　7.89，　7.93，　8.03，　7.96，　8.09，　7.91，　7.76

    平均値，中央値，分散，標準偏差を求めなさい。また，このデータは標本でしょうか，または母集団でしょうか。

4. 2種類の梨A，Bをそれぞれ無作為に10個ずつ選び，その重さ（グラム）を量ったところ，次のような結果が得られました（人工データ）。

    | 梨　A | 283 | 266 | 274 | 284 | 285 | 281 | 290 | 270 | 275 | 301 |
    | 梨　B | 290 | 277 | 296 | 304 | 311 | 298 | 278 | 290 | 330 | 296 |

    2種類の梨A，Bの平均値，中央値，分散，標準偏差，範囲を求めなさい。またこのデータは標本でしょうか，または母集団でしょうか。また2種類の梨A，Bを比較しコメントをかきなさい。

5. ある会社で午前9時00分から9時30分までの電話と，午後1時00分から1時30分までの電話を無作為に8件ずつ選び，電話の使用時間（分）を記録したところ，次のような結果が得られました（人工データ）。

    午前9時00分から9時30分まで　　1.3　0.2　1.2　0.5　6.8　2.3　0.1　0.7
    午後1時00分から1時30分まで　　5.2　0.4　8.4　2.4　14.2　0.3　2.0　6.3

    それぞれのグループの平均値，中央値，分散，標準偏差，範囲を求めなさい。また，このデータは標本でしょうか，または母集団でしょうか。また，2つのグループを比較し，コメントをかきなさい。

2 確率の基礎

2-1 事象空間

　コインを投げたとき，コインのバランスが均一であれば，表のでる確からしさも，また裏のでる確からしさも同じである。サイコロを投げるとき，サイコロのバランスが均一であれば，どの数値も現れる確からしさは同じである。このように，あることが起こることの確からしさを示す値を**確率**という。

　また，サイコロを投げたり，コインを投げたり，確率の場をつくり出す行為を**試行**という。試行することによって生ずる個々の結果を**根元事象**という。例えば，コインを投げたときの根元事象は，「表」と「裏」，サイコロを投げるときの根元事象は，「1」，「2」，…，「6」である。いま，一般に根元事象を

$$\varpi_1, \varpi_2, \cdots, \varpi_n$$

とするとき

$$\Omega = \{\varpi_1, \varpi_2, \cdots, \varpi_n\}$$

を**事象空間**あるいは**標本空間**という。事象空間の部分集合を**事象**という。例えば，コインを投げたとき

$$\varpi_1 = 表, \quad \varpi_2 = 裏, \quad \Omega = \{\varpi_1, \varpi_2\}$$

事象は「表」，「裏」，「表か裏」があり，サイコロを投げるときは

$$\varpi_1 = 1, \quad \varpi_2 = 2, \quad \varpi_3 = 3, \quad \varpi_4 = 4, \quad \varpi_5 = 5, \quad \varpi_6 = 6,$$
$$\Omega = \{\varpi_1, \varpi_2, \cdots, \varpi_6\}$$

事象は「1」，「2」，「1か3」，「偶数」，「3以上」，「1，2，3，4，5，6のどれか」等がある。

　事象Aか事象Bのどちらかが起こるという事象を，AとBの**和事象**といい$A \cup B$で表す。事象Aと事象Bのどちらも起こるという事象を，AとBの**積事象**といい$A \cap B$で表す。事象Aの起こらないという事象を，Aの**余事象**といい$\overline{A}$で表す。何も起りえないという事象を，**空事象**といいϕで表す。

例題

　サイコロとコインを同時に投げたとき，事象A, Bをそれぞれ「サイコロの目が1か2」，「コインが表」とするとき，事象空間および，AとBの和事象，AとBの積事象，Aの余事象をかきなさい。

解

事象空間は

$$\Omega = \{表で1, 表で2, \cdots, 表で6, 裏で1, 裏で2, \cdots, 裏で6\}$$

A と B の和事象は

$$A \cup B = \{表で1, 表で2, \cdots, 表で6, 裏で1, 裏で2\}$$

A と B の積事象は

$$A \cap B = \{表で1, 表で2\}$$

A の余事象は

$$\overline{A} = \{表で3, 表で4, 表で5, 表で6, 裏で3, 裏で4, 裏で5, 裏で6\}$$

である。

事象 A と事象 B において、これら2つ事象が同時に起こらないとき、A と B は互いに排反事象であるという。

2-2 確率の定義

A を事象空間 Ω の任意の部分集合とするとき、一意的に定められた関数 $P(A)$ が次の条件を満たすとき、$P(A)$ を事象 A が起こる確率という。

① $0 \leq P(A)$

② $P(\Omega) = 1$

③ $A_1, A_2, \cdots,$ が事象で、どの2つの A_i と $A_j (i \neq j)$ について

$A_i \cap A_j = \phi$ ならば

$$P(\bigcup_{n=1}^{\infty} A_n) = \sum_{n=1}^{\infty} P(A_n)$$

3 確率関数

3-1 離散型の確率変数

ある試行を行ったとき，根源事象を実数値としてもつ変数を考える。その事象が起こる確からしさをもつ変数を**確率変数**という。確率変数は，通常 X, Y などの大文字を使用する。確率変数 X が離散的で

$$X = x_i \qquad (i = 1, 2, \cdots, n)$$

に対して，ある確からしさの値

$$P(X = x_i) = p_i \qquad (i = 1, 2, \cdots, n)$$

が定義され

$$P(X = x_i) = p_i \geq 0 \qquad (i = 1, 2, \cdots, n)$$
$$P(X = x_1) + P(X = x_2) + \cdots + P(X = x_n) = 1$$

が満たされるとき，この関数 $P(X = x_i)$, $(i = 1, 2, \cdots, n)$ を離散型の**確率関数**という。またこの確率変数 X を**離散型**の**確率変数**という。確率変数について，定められた確率関数 $P(X = x_i)$, $(i = 1, 2, \cdots, n)$ をその確率分布といい，関数 $P(X \leq x_i)$, $(i = 1, 2, \cdots, n)$ を**確率分布関数**という。

例えば，均衡のとれたコインを1回投げたとき，表を1，裏を0とすると，確率変数 X は0と1をとり，その確率関数は $P(X = 0) = 0.5$ と $P(X = 1) = 0.5$ である。確率変数 X について，定められた確率 $P(X = 0) = 0.5$ と $P(X = 1) = 0.5$ を，確率分布という。

離散型分布の平均値を次のように定義する。

$$E(X) = \mu = \sum_{i=1}^{n} x_i P(X = x_i)$$

また，分散 σ^2，ならびに標準偏差 σ は以下のように与えられる。

$$V(X) = \sigma^2 = \sum_{i=1}^{n} (x_i - \mu)^2 P(X = x_i) = \sum_{i=1}^{n} x_i^2 P(X = x_i) - \mu^2$$

$$\sigma = \sqrt{\sum_{i=1}^{n} (x_i - \mu)^2 P(X = x_i)} = \sqrt{\sum_{i=1}^{n} x_i^2 P(X = x_i) - \mu^2}$$

3-2 連続型の確率変数

確率変数 X が連続的で

$$X = x \qquad (-\infty < x < \infty)$$

に対して，ある確からしさの値 $f(x)$ が定義され

$$f(x) \geq 0 \qquad (-\infty < x < \infty)$$

$$\int_{-\infty}^{\infty} f(x)dx = 1$$

が満たされるとき，この関数 $f(x)$ を確率密度関数という．また，この確率変数 X を**連続型の確率変数**といい，関数

$$P(X \leqq x) = \int_{-\infty}^{x} f(t)dt$$

を確率分布関数という．

連続型分布の平均値を次のように定義する．

$$E(X) = \int_{-\infty}^{\infty} xf(x)dx$$

また，分散 σ^2，ならびに標準偏差 σ は以下のように与えられる．

$$V(X) = \sigma^2 = \int_{-\infty}^{\infty}(x-\mu)^2 f(x)dx = \int_{-\infty}^{\infty} x^2 f(x)dx - \mu^2$$

$$\sigma = \sqrt{\int_{-\infty}^{\infty}(x-\mu)^2 f(x)dx} = \sqrt{\int_{-\infty}^{\infty} x^2 f(x)dx - \mu^2}$$

3-3　正規分布

3-3　1　正規分布の確率密度関数，分布関数

確率変数 X が正規分布に従うとき，その**確率密度関数**は

$$f(x) = \frac{1}{\sqrt{2\pi\sigma^2}} e^{-\frac{(x-\mu)^2}{2\sigma^2}} \qquad (-\infty < x < \infty)$$

で与えられる．定義された確率密度関数は μ と σ^2 によって完全に決定される．したがって，平均値 μ，分散 σ^2 をもつ正規分布を $N(\mu, \sigma^2)$ と表し，母集団の平均値 μ と分散 σ^2 は，**母集団のパラメータ**という．また平均 0，分散 1 の正規分布 $N(0, 1)$ を**標準正規分布**という．

$$P(X < x) = \int_{-\infty}^{x} f(t)dt = \int_{-\infty}^{x} \frac{1}{\sqrt{2\pi\sigma^2}} e^{-\frac{(t-\mu)^2}{2\sigma^2}} dt$$

を正規分布の分布関数という．

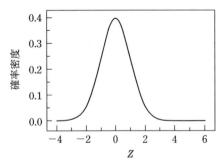

標準正規分布 $N(0,1)$

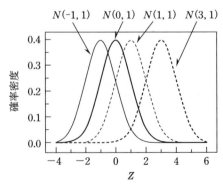

正規分布 $N(-1,1)$, $N(0,1)$, $N(1,1)$, $N(3,1)$

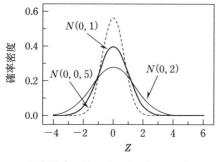

正規分布 $N(0,0.5), N(0,1), N(0,2)$

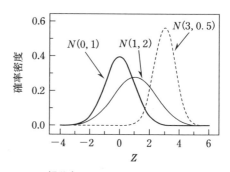

正規分布 $N(0,1), N(1,2), N(3,0.5)$

いま，確率密度関数の式に変数変換をするため，確率密度関数の式に，dx を乗じ，$z=\dfrac{x-\mu}{\sigma}$ とおくと，$dz=\dfrac{dx}{\sigma}$ であるから

$$f(x)dx = \dfrac{1}{\sqrt{2\pi\sigma^2}}e^{-\dfrac{(x-\mu)^2}{2\sigma^2}}dx = \dfrac{1}{\sqrt{2\pi}}e^{-\dfrac{z^2}{2}}dz$$

とかける。ここで

$$\dfrac{1}{\sqrt{2\pi}}e^{-\dfrac{z^2}{2}} \quad (-\infty < z < \infty)$$

は平均 0，分散 1 の正規分布の確率密度関数という。つまり，確率変数 X が正規分布 $N(\mu, \sigma^2)$ に従うとき，任意の定数 a, b に対し，確率 $P(a<X<b)$ は，$z=\dfrac{x-\mu}{\sigma}$ と変換することによって，平均 0，分散 1 の正規分布 $N(0,1)$ おける確率

$$P(a<X<b) = P\left(\dfrac{a-\mu}{\sigma} < Z < \dfrac{b-\mu}{\sigma}\right) = \int_{\frac{a-\mu}{\sigma}}^{\frac{b-\mu}{\sigma}} \dfrac{1}{\sqrt{2\pi}}e^{-\dfrac{z^2}{2}}dz$$

によって求められる。

3-4 標本平均 $\overline{X}$ の分布

確率変数 X が平均 μ，分散 σ^2 のある分布にしたがっているとき，標本平均 $\overline{X}$ の分布は，標本の大きさ n が大きくなると，漸近的に平均 μ，分散 $\dfrac{\sigma^2}{n}$ の正規分布に近づく。これを中心極限定理という。この標本平均 $\overline{X}$ のように，標本からある式を使って計算され，異なった標本から $\overline{X}$ を求めると，それらの値は標本によって変わってくる。このような標本の関数を，統計量という。これらの確率変数 X と確率変数 $\overline{X}$ が各々の分布に従うことを，記号を使用して表すと以下のようになる。

$$X \sim 分布(\mu, \sigma^2) \Rightarrow \overline{X} \sim_{漸近的} N\left(\mu, \dfrac{\sigma^2}{n}\right)$$

これを次の実験を使用して確かめる。1000 個ずつ一様乱数を 20 組発生させたものが以下の表である。

【注意】
　独立で同一分布に従う確率変数の実現値を記録した有限数列を乱数列といい，乱数列を構成するそれぞれの数を乱数という。区間 $[a, b]$ における確率密度が定数で，それ以外の区間における確率密度が

0である分布を，一様分布といい，乱数が一様分布に従う確率変数の実現値のとき，この乱数を一様乱数という。

ここで使用する一様乱数は，計算機を使い，計算によって発生させた数であるので，正確には乱数ではなく，疑似乱数とよばれる。

番号	一様分布1	一様分布2	一様分布3	一様分布4	一様分布5	一様分布6
1	0.6082	0.1740	0.3761	0.9760	0.0632	0.2667
2	0.9999	0.4910	0.5130	0.9801	0.4920	0.8851
3	0.5443	0.8178	0.3922	0.7792	0.3513	0.2359
4	0.1134	0.7576	0.8586	0.0139	0.8812	0.8422
5	0.5600	0.2186	0.9558	0.3461	0.7516	0.1083
.	.	.	.	.	.	.
.	.	.	.	.	.	.
.	.	.	.	.	.	.
999	0.6452	0.8564	0.6074	0.3805	0.6540	0.0586
1000	0.3123	0.3457	0.2255	0.0088	0.0101	0.8375

始めの4つのグループのヒストグラムは，以下のようである。

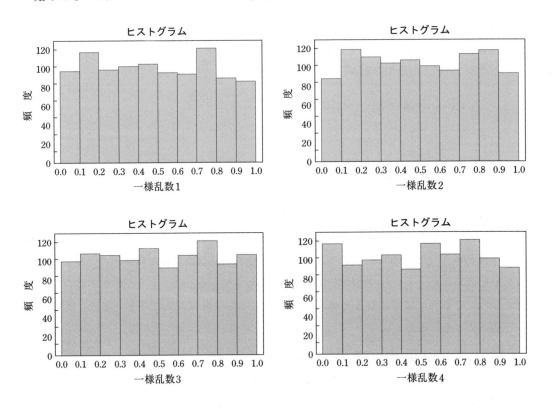

上の一様乱数より，2個ずつの平均を1000個計算しヒストグラムをかいたものが，次ページの左上図である。さらに5個ずつ，10個ずつ，20個ずつの平均を1000個計算しヒストグラムを描いたものが，それぞれ右上，左下，右下図である。

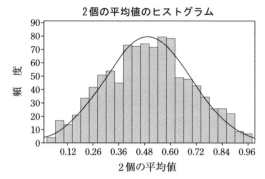
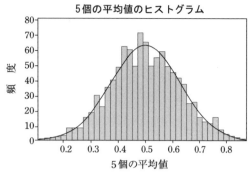
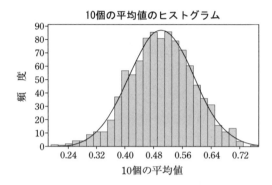
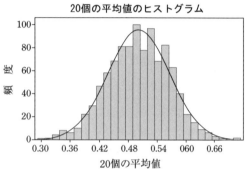

これらの統計量を計算すると，以下のようになる．

変量	データ数	平均	中央値	標準偏差	分散	分散の理論値 $\dfrac{1/12}{n}$	n
2個の平均	1000	0.50764	0.51102	0.20652	0.04265	0.04167	2
5個の平均	1000	0.49625	0.49529	0.12431	0.01545	0.01667	5
10個の平均	1000	0.49385	0.48945	0.09025	0.00815	0.00833	10
20個の平均	1000	0.49652	0.49670	0.06406	0.00410	0.00417	20

一様乱数の平均値は $\mu = 0.5$，分散は $\sigma^2 = \dfrac{1}{12}$ であるから

$$X \sim 分布(\mu, \sigma^2) \Rightarrow \overline{X} \sim_{漸近的} N\left(\mu, \dfrac{\sigma^2}{n}\right)$$

を考慮すると，$n = 2, 5, 10, 20$ のとき，乱数による平均値の分散は，それぞれ 0.04265, 0.01545, 0.00815, 0.00410 となり，標本平均値の分散の理論値 $\dfrac{\sigma^2}{n} = \dfrac{1/12}{n}$ は，それぞれ 0.04167, 0.01667, 0.00833, 0.00417 となる．

いずれの場合も，乱数による計算結果は，ほとんど理論値に等しい。また乱数を使用した平均値の平均はおよそ 0.5 で，理論値の 0.5 にほとんど等しいという結果が得られた。

　X が平均 μ，分散 σ^2 のある分布にしたがっているとき，標本平均 $\overline{X}$ の分布をまとめると，下のようになる。

① n が大きくなればなるほど，平均値 $\overline{X}$ の分布は正規分布に近づく。

② 平均値 $\overline{X}$ の母集団の平均は，標本の大きさ n に無関係で，常に X の母集団の平均に一致する。

③ 平均値 $\overline{X}$ の母集団の分散は，標本の大きさ n が大きくなればなるほど，小さくなる。

【注意】

　一般的に上のことは，以下のようにいえる。母集団の平均 μ と母集団の分散 σ^2 が存在すると仮定する。母集団より大きさ n の標本を選び，標本平均 $\overline{X}$ を計算する。さらに母集団の中から大きさ n の別の標本を選び，標本平均 $\overline{X}$ を計算する。このように可能な限り大きさ n の別の標本を選び標本平均 $\overline{X}$ を計算する操作を繰り返す。たくさん標本平均 $\overline{X}$ が得られるが，これらの標本平均 $\overline{X}$ の母集団の平均は確率変数 X の母平均 μ に一致し，標本平均 $\overline{X}$ の母集団の分散は $\dfrac{\sigma^2}{n}$ となる。また，多くの標本平均 $\overline{X}$ は母平均 μ の近くに集まり，母平均 μ から離れれば離れるほど，標本平均 $\overline{X}$ はあまり集まらない。このすべての標本平均 $\overline{X}$ を集めると正規分布に近づく。すべての標本平均 $\overline{X}$ の集まりを標本平均値の分布という。この標本平均 $\overline{X}$ を求めるための n が大きくなればなるほど，標本平均値の分布は，より正規分布に近づく。n が無限に近づくと，標本平均値の分布は，母集団の平均 μ，母分散 $\dfrac{\sigma^2}{n}$ の正規分布に収束する。

　以下，簡単に次のようにかく。

$$X \sim \text{分布}(\mu, \sigma^2) \ \Rightarrow \ \overline{X} \underset{\text{漸近的}}{\sim} N\left(\mu, \dfrac{\sigma^2}{n}\right)$$

4 統計的推論

4-1 推定

われわれの興味の対象の一つは,母集団の平均 μ や,母集団の分散 σ^2, 母集団の標準偏差 σ などの母集団のパラメータを,標本から推定や検定をすることである。

例えば,母集団の平均 μ は標本平均 $\bar{x}$ で推定され,母集団の分散 σ^2 は不偏分散

$$s^2 = \frac{1}{n-1}\sum_{i=1}^{n}(x_i-\bar{x})^2$$

を使用して推定することが考えられる。このようにある一つの値を用いて,母集団のパラメータを推定する場合を**点推定**という。

母集団の平均 μ を,標本を使用して点推定を行う場合,もし μ が1であっても,標本平均 $\bar{x}$ は1.1とか0.95などというように,μ の値に近いかもしれないが,まず一致しないと思われる。

これに対して,母集団の平均 μ は95%の確からしさで,0.9から1.1の間にあるといったほうが好ましい場合もあるだろう。このようにパラメータの推定をある区間を用いて推定する方法を**区間推定**という。この問題を解決する方法として,次の分布を導入する。

X が平均 μ,分散 σ^2 の正規分布に従うとき,大きさ n の標本より,標本平均 $\bar{X}$ と不偏分散 S^2 を計算すると,$\dfrac{\bar{X}-\mu}{\frac{S}{\sqrt{n}}}$ は自由度 $n-1$ の t 分布,t_{n-1},に従う。自由度 1, 2, 5, 10 の t_{n-1} 分布と正規分布の確率密度関数は右のようである。t_{n-1} 分布は正規分布に比較し,両側のすその確率が高く,自由度が大きくなると,t_{n-1} 分布は標準正規分布に収束する。

なぜ t 分布を使用するのかは,次のように説明される。

X が平均 μ,分散 σ^2 の正規分布に従っているとき,標本平均 $\bar{X}$ は,平均 μ,分散 $\dfrac{\sigma^2}{n}$ の正規分布に従う。つまり $\dfrac{\bar{X}-\mu}{\frac{\sigma}{\sqrt{n}}}$ は平均0,分散1の正規分布になる。

したがって,次の確率が満たされる。

$$P\left(-1.96<\frac{\bar{X}-\mu}{\frac{\sigma}{\sqrt{n}}}<1.96\right)=P\left(\bar{X}-1.96\frac{\sigma}{\sqrt{n}}<\mu<\bar{X}+1.96\frac{\sigma}{\sqrt{n}}\right)=0.95$$

この確率より，母集団の平均値 μ の95%信頼区間は，観測した標本平均値 $\bar{x}$ より

$$\bar{x}-1.96\frac{\sigma}{\sqrt{n}}<\mu<\bar{x}+1.96\frac{\sigma}{\sqrt{n}}$$

となる。しかし，母集団の平均値 μ が未知であるのに，母集団の標準偏差 $\sigma=\sqrt{\int_{-\infty}^{\infty}x^2 f(x)dx-\mu^2}$ が既知であることはまれであろう。現実的な問題を解くためには，母集団の標準偏差 σ を標本から得られた数値によって置き換えることが必要となる。ここで標本平均 $\bar{X}$ と不偏分散 S^2 が独立であることが示されており，さらに $\dfrac{\bar{X}-\mu}{\frac{\sigma}{\sqrt{n}}}$ は標準正規分布に従い，$\dfrac{(n-1)S^2}{\sigma^2}$ は自由度 $n-1$ の χ^2 分布に従うことから，$\dfrac{\bar{X}-\mu}{\frac{\sigma}{\sqrt{n}}}\bigg/\sqrt{\dfrac{S^2}{\sigma^2}}=\dfrac{\bar{X}-\mu}{\frac{S}{\sqrt{n}}}$ を考えると，この統計量は，母集団の標準偏差 σ が未知で，その値がどのような値であっても，その値に無関係に分布する。この統計量 $\dfrac{\bar{X}-\mu}{\frac{S}{\sqrt{n}}}$ が自由度 $n-1$ の t 分布に従うことは，数学的に示すしかなく，ここで証明するには，その数学の程度は高すぎるので省略する。

興味のある読者は，Hogg and Craig (1970, pp 135-136, pp 163-165)，Cramér (1946, pp 237-239, pp 378-382) を参照されたい。

α（アルファーと読む）を $0<\alpha<1$ を満たす実数とするとき，この t 分布を導入することで

$$P\left(-t_{\frac{1}{2}\alpha,n-1}<\frac{\bar{X}-\mu}{\frac{S}{\sqrt{n}}}<t_{\frac{1}{2}\alpha,n-1}\right)=P\left(\bar{X}-t_{\frac{1}{2}\alpha,n-1}\frac{S}{\sqrt{n}}<\mu<\bar{X}+t_{\frac{1}{2}\alpha,n-1}\frac{S}{\sqrt{n}}\right)=1-\alpha$$

となることより，以下のように母集団の平均 μ の信頼区間を求めることができる。

4-1　1　区間推定

X の母集団が平均 μ，分散 σ^2 の正規分布であるとき，大きさ n の標本をとり，平均 μ も，分散 σ^2 もその値が未知である場合，母集団の平均 μ の $100(1-\alpha)$% 信頼区間は

$$\left(\bar{x}-t_{\frac{1}{2}\alpha,n-1}\frac{s}{\sqrt{n}},\ \bar{x}+t_{\frac{1}{2}\alpha,n-1}\frac{s}{\sqrt{n}}\right)$$

である。ただし，$t_{\frac{1}{2}\alpha,n-1}$ は $\dfrac{1}{2}\alpha=P\left(T>t_{\frac{1}{2}\alpha,n-1}\right)$ で T は自由度 $n-1$ の t 分布に従う。

X の母集団が平均 μ，分散 σ^2 の分布であるとき，標本の大きさ n が大きな標本をとり，平均 μ も，分散 σ^2 もその値が未知である場合，母集団の平均 μ のおよそ $100(1-\alpha)$% の信頼区間は

$$\left(\overline{x}-t_{\frac{1}{2}a,n-1}\frac{s}{\sqrt{n}},\ \overline{x}+t_{\frac{1}{2}a,n-1}\frac{s}{\sqrt{n}}\right)$$

である。

例題

ある電気製品の組み立て時間は未知の平均 μ，未知の分散 σ^2 の正規分布に従うと仮定する。無作為に 20 人の労働者を選び，この電気製品の組み立て時間を測定したところ，次のような結果（単位は分）が得られました（人工データ）。

| 17.0 | 18.6 | 18.7 | 22.4 | 21.8 | 18.1 | 15.6 | 18.6 | 20.4 | 20.3 |
| 21.0 | 19.0 | 18.5 | 18.0 | 19.5 | 17.1 | 22.2 | 25.2 | 20.1 | 20.2 |

母平均 μ の 95% の信頼区間を求めなさい。

解

エクセルシート上のセル A1 から A20 に与えられたデータを，B1 から B20 に 0 を，それぞれ入力する。「メニューバー」の「データ」にカーソルを移動し，マウスの左側のボタンを押す。

もし以下のように「ツールバー」の右端に「データ分析」がなければ，分析ツールを入れる方法にいく。

〈分析ツールを入れる方法〉

「メニューバー」の「ファイル」にカーソルを移動し，マウスの左ボタンを押す。新たに出てくる画面の左端が緑色になっており，その緑色のメニューの一番下の「オプション」にカーソルを移動し，マウスの左ボタンを押すと，下の画面が現れる。

右の図，「Excelのオプション」の左側の下から2番目の「アドイン」にカーソルを移動し，マウスの左ボタンを押すと次の画面が現れる。

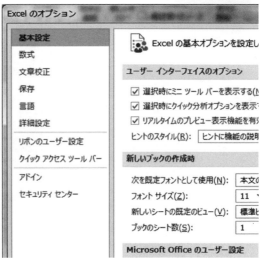

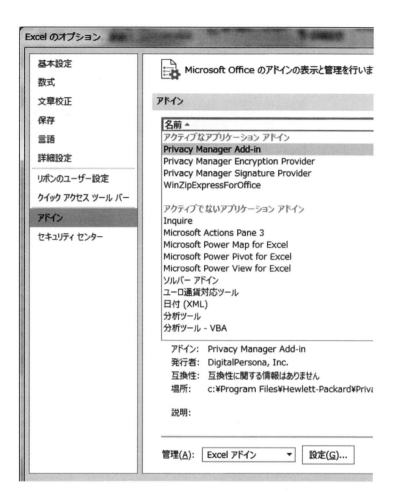

　上図中央下の「設定」にカーソルを移動し，マウスの左ボタンを押すと右の画面が現れる。

　右の図のように「分析ツール」の箱にカーソルを移動し，マウスの左ボタンを押すと，ティック「✓」が入る。カーソルを右上の「OK」に移動し，マウスの左ボタンを押すと分析ツールが入る。

　右の画面で，既に「分析ツール」の箱にティックが入っている場合は，「分析ツール」の箱にカーソルを移動しマウスの左ボタンを押すと，ティック「✓」が削除される。カーソルを右上の「OK」に移動し，マウスの左ボタンを押す。このように一度「分析ツール」の箱からティックを削除し，もう一度初めから，上の手順に従って「分析ツール」の箱にティックを入れると，分析ツールが入る。

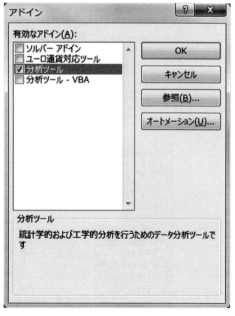

エクセルシート上のセル A1 から A20 に与えられたデータを，B1 から B20 に 0 を，それぞれ入力する。「メニューバー」の「データ」にカーソルを移動しマウスの左側のボタンを押す。「リボン」の右端にある「データ分析」にカーソルを移し，マウスの左ボタンを押す。

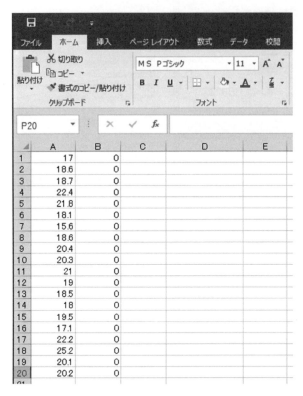

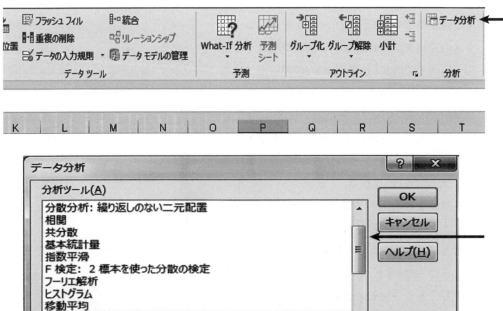

前ページ画面右上側の四角い箱にカーソルを移動し，マウスの左ボタンを押したまま，画面の下までマウスを移動し，マウスの左ボタンから指を離すと次の画面が現れる。
　カーソルを「t-検定：一対の標本による平均の検定」に移動し，マウスの左ボタンを押す。

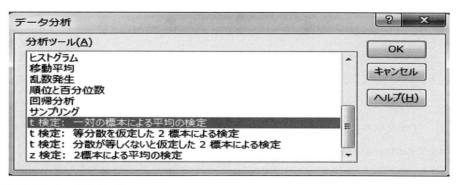

「OK」を押すと次の画面が現れる。

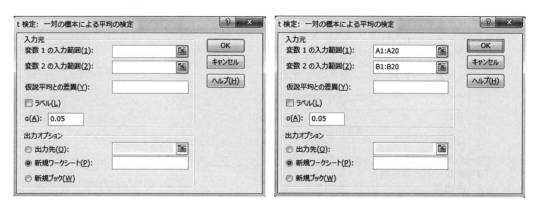

　変数1の箱に「A1：A20」，変数2の箱に「B1：B20」と入力し，「OK」を押すと次の結果が得られる。

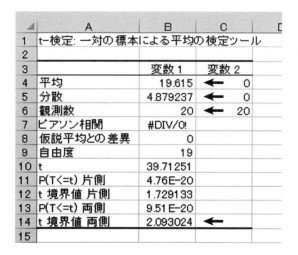

　上の表の「平均」，「分散」，「t境界値両側」，「観測数」を選び，次の式に代入すると，母集団の平均 μ の95％の信頼区間が得られる。

$$\left(\overline{x}-t_{\frac{1}{2}a,n-1}\frac{s}{\sqrt{n}},\ \overline{x}+t_{\frac{1}{2}a,n-1}\frac{s}{\sqrt{n}}\right)$$
$$=\left(19.615-2.093024\times\frac{\sqrt{4.8792}}{\sqrt{20}},\ 19.615+2.093024\times\frac{\sqrt{4.8792}}{\sqrt{20}}\right)$$
$$=(18.5812,\ 20.6488)$$

　求められた結果の意味は，以下のようである。母集団の平均μの95％の信頼区間は(18.5812, 20.6488)，または母集団の平均μは95％の確率で18.5812と20.6488の間にある。

　上の計算を，エクセルを使用して求める場合は，次のように行う。エクセルに「平均」，「分散」，「t境界値両側」，「観測数」が，それぞれB4，B5，B14，B6に記録されているとすると，答えを記録したい場所，例えばB16にカーソルを移しマウスの左ボタンを押す。マウスをfxに移し，"＝B4－B14＊sqrt(B5/B6)"と入力すると，18.5812と答えが得られる。同様にして，B17に"＝B4＋B14＊sqrt(B5/B6)"と入力，実行したのが，下に示す表である。

	A	B	C	D	E
1	t-検定: 一対の標本による平均の検定ツール				
2					
3		変数1	変数2		
4	平均	19.615	0		
5	分散	4.879237	0		
6	観測数	20	20		
7	ピアソン相関	#DIV/0!			
8	仮説平均との差異	0			
9	自由度	19			
10	t	39.71251			
11	P(T<=t) 片側	4.76E-20			
12	t 境界値 片側	1.729133			
13	P(T<=t) 両側	9.51E-20			
14	t 境界値 両側	2.093024			
15					
16		18.5812 ←			
17		20.6488 ←			

〔注意〕

　もし元の確率変数が近似的に正規分布に従えば，95％の信頼区間はおよそ95％信頼区間となる。またエクセルで$1.234E-5$のように表示されることがあるが，その意味は

　　　$1.234\times10^{-5}=0.000012340$である。

4-2 演習問題

1. 5歳児12人を無作為に選び，あるパズルを与え，何分でパズルを組み立てられるか試したところ，次のような結果（分）が得られました（人工データ）。

　　　2.3,　3.2,　5.3,　4.2,　1.8,　6.3,　4.6,　5.1,　3.4,　6.2,　3.1,　4.8

　子供たちがパズルを組み立てる時間が近似的に正規分布に従うと仮定するとき，母集団の平均の約95％信頼区間を求めなさい。

2. ある種類のりんごの重さは正規分布に従うと仮定します。いま，無作為に選んだ10個のりんごの重さを量ったところ，次のような結果（グラム）が得られました（人工データ）。

　　　374,　316,　287,　387,　346,　288,　325,　342,　334,　312

　母平均の99％信頼区間を求めなさい。

3. ある会社では，長さ4cmのくぎを作っている。確率変数Xをくぎの長さとすると，Xは正規分布に従うことが知られています。いま，無作為に6本のくぎを選び出したとき，それらの長さは以下のようでした（人工データ）。

　　　4.02,　3.97,　3.99,　4.03,　4.01,　4.03

　母平均の90％信頼区間を求めなさい。

5 統計的仮説検定

統計的仮説検定は，母集団に対するある仮説を立て，標本の情報を元に，その仮説が正しいか，あるいは間違っているかを判断する方法をいう。例題を使用して説明する。

ある工場ではベアリングの部品として使用する直径 0.5 cm のボールを作っており，機械が正常に働いているときボールの直径は 0.5 cm であるが，機械に何らかの異常があり，正常に機能していないときは，ボールの直径は 0.5 cm でないと仮定する。問題を簡単にするため，可能な状況は以下の 2 つのみであるとする。

* * * * *

- 母集団 1：機械が正常に働いているとき，ボールの直径は，(母集団の)平均 0.5 cm で，(母集団の)標準偏差 0.005 cm の正規分布に従う。$N(0.5, 0.005^2)$
- 母集団 2：機械が正常に働いていないとき，ボールの直径は，(母集団の)平均 0.51 cm で，(母集団の)標準偏差 0.005 cm の正規分布に従う。$N(0.51, 0.005^2)$

* * * * *

機械を見ただけでは，機械が正常に働いているか否かは，判断できないものとする。

したがって，無作為にボールを n 個取り出し(標本)，平均値を計算し，その標本の情報から，機械が正常に働いているか否かを判断する。

説明を簡略化させるため，この標本の大きさ n を 4 とすると，標本平均の分布は母集団 1 の場合

$$\overline{X} \sim N(0.5, \frac{0.005^2}{4})$$

となり，母集団 2 の場合は

$$\overline{X} \sim N(0.51, \frac{0.005^2}{4})$$

となる。

標本平均値の分布で説明したように，標本平均値の分布は，元の分布に比べ母集団の平均値の近くに集中し，標本平均値の母集団の平均値は，元の分布の母集団の平均値に一致する。したがって，標本が母集団 1 から採られたか，あるいは母集団 2 から採られたか調べるには，標本平均値の分布を使用したほうが，2 つの分布の違いが明確になる。

* * * * *

もし標本の平均値が 0.5 cm の近くであれば，機械が正常に働いていないとはいいがたい。しかし，もし標本の平均値が 0.5 cm よりかなり大きければ，機械が正常に働いているという確率は非常に小さいが，機械が正常には働いていないという確率は大きい。つまり，この場合，

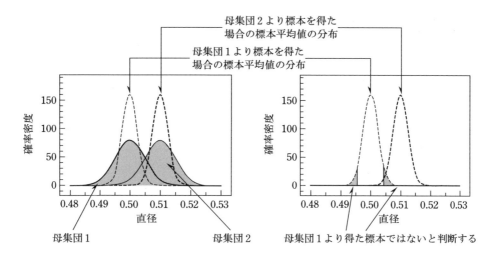

標本は母集団2から採られたと考えたほうが妥当である。標本が母集団1から採られたとする確率が小さい場合は，その標本は母集団2から採られたと判断する。また，標本が母集団1から採られたとする確率があまり小さくない場合は，その標本は母集団2から採られたとは判断しない。

現実の問題では，母集団2の平均は0.51 cmであるなどとはわからない。したがって，標本が母集団2から採られたとする確率は計算できないので，標本が母集団1から採られたとする確率が小さいか，あるいはあまり小さくないかによって，標本は母集団1から採られたか，あるいは母集団2から採られたか判断することとなる。

この標本が母集団1から採られたとする確率をp-値といい，そのp-値が小さいか，小さくないか判断する基準値が必要で，その値はかなり小さくないとおかしい。この基準値は0.05 (5%)，0.01 (1%)，0.1 (10%)が使われるが，その基準値は，いくらでもかまわない。ただ小さな値であるので，通常は$0.1 \sim 0.01$ぐらいが使われるが，扱うデータによっては，$0.01 \sim 0.001$ぐらいも使われる。この基準値を有意水準といい，その値をαと書く。このp-値と**有意水準**は，検定において重要な役割を担っている。

〔注意〕

上のp-値の説明はわかりやすくするため，厳密ではない。正確にはp-値は，標本が母集団1から採られたとき，平均値の確率変数が，観測された標本平均値をとるか，あるいは観測された標本平均値と母集団の平均値の差の絶対値が，もっと大きい値をとる確率である。

5-1 統計的仮説検定の方法

統計的仮説検定の手順は，次のように行う。

1. 母集団についての予測や，確かめたいことをかく。このような仮説を**帰無仮説**といい H_0 とかく。

   〔例〕 $H_0 : \mu = \mu_0$

〔注意〕

H_0 は常に等号を含む。

2. 帰無仮説と対立させるような仮説をかく。このような仮説を**対立仮説**といい H_1 とかく。

   〔例〕 $H_1 : \mu \neq \mu_0$

   $H_1 : \mu > \mu_0$

   $H_1 : \mu < \mu_0$

   対立仮説が $\mu \neq \mu_0$ である場合，μ は μ_0 より大きくても，あるいは小さくてもよい。このような検定を**両側検定**という。それに対し対立仮説が $\mu > \mu_0$（あるいは $\mu < \mu_0$）の場合は，μ は μ_0 より大きい（μ は μ_0 より小さい）ので，**片側検定**という。

3. 有意水準 α をきめる。

   〔例〕 $\alpha = 0.05$

4. 検定の規則は

   (a) p-値 < 有意水準 であれば，H_0 を棄却し，H_1 を採択する。

   (b) p-値 ≥ 有意水準 であれば，H_0 を棄却しない。

5. 無作為に採られた標本より，標本平均値や不偏分散などを計算し，p-値を求める。

6. 5. で求めた p-値を 4. で得られた検定の規則に当てはめ，H_0 を棄却し，H_1 を採択するか，あるいは H_0 を棄却しないかを決定する。

例題

電気製品の組み立て時間の問題を使用する。電気製品の組み立て時間の（母集団の）平均値 μ が 21 であるか，有意水準 5% で検定しなさい。

解

解説：「μ が 21 である」の否定は，「μ が 21 でない」となる。したがって，帰無仮説と対立仮説は，次のようにかける。

   $H_0 : \mu = 21$

   $H_1 : \mu \neq 21$

ここでは，有意水準 $\alpha = 0.05$ を選択する。

〔注意〕

H_0 は常に等号を含む。

エクセルシート上のセル A1 から A20 に与えられたデータを，B1 から B20 に 0 を，それぞれ入力する。「メニューバー」の「データ」にカーソルを移動しマウスの左側のボタンを押す。「リボン」の右端にある「データ分析」にカーソルを移し，マウスの左ボタンを押す。

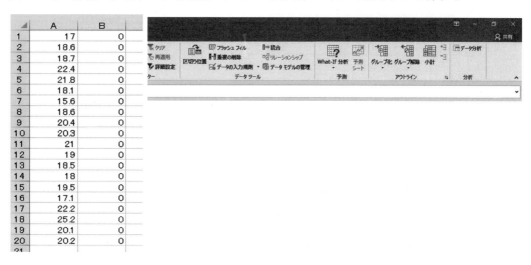

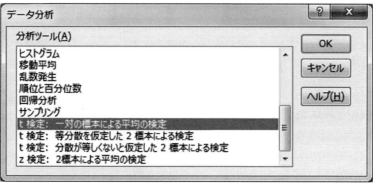

「データ分析」の画面の矢じるしをマウスを使って動かし，「t-検定：一対の標本による平均の検定」を選ぶと，次の画面が現れる。

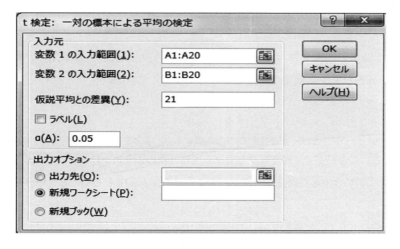

変数1の箱に「A1:A20」，変数2の箱に「B1:B20」，仮説平均との差異の箱に「21」と入力し，「OK」を押すと，次の結果が得られる。

	A	B	C
1	t-検定: 一対の標本による平均の検定ツール		
2			
3		変数1	変数2
4	平均	19.615	0
5	分散	4.8792368	0
6	観測数	20	20
7	ピアソン相関	#DIV/0!	
8	仮説平均との差異	21	
9	自由度	19	
10	t	−2.80407 ←	
11	P(T<=t) 片側	0.0056614	
12	t 境界値 片側	1.7291328	
13	P(T<=t) 両側	0.0113228 ←	
14	t 境界値 両側	2.0930241	

上の結果より，p-値は 0.0113228 ($P(T \leq t)$ 両側) である。この意味は $P(T \leq -2.80407 \text{ or } 2.80407 \leq T) = 0.0113228$ である。

検定の規則は

(a) p-値 < 有意水準であれば，H_0 を棄却し，H_1 を採択する。

(b) p-値 ≧ 有意水準であれば，H_0 を棄却しない。

であり，p-値 $= 0.011323 <$ 有意水準 $= 0.05$ であるから H_0 を棄却し，H_1 を採択する。つまり，有意水準5%で母集団の平均は21でないといえる。

〔注意〕

標本から情報を得，その情報をもとに，母集団のすべての情報を調べずに，母集団のパラメータの値や性質等を統計的に判断することが統計的仮説検定である。したがって，どのような判断を下しても，その判断が100%正しいという保証はないし，そのようなことは不可能である。ここでは，母集団の平均が21でないと結論しても，この判断が間違いであるという確率は有意水準 0.05 である。

例題

電気製品の組み立て時間の問題を使用する。電気製品の組み立て時間の（母集団の）平均値 μ が18より大きいか。適当な仮説を立て，有意水準5%で検定しなさい。

解

解説：μ が18より大きいということは，$\mu > 18$ で，この式に「＝」は含まれていない。つまり $\mu > 18$ は対立仮説となる。したがって，帰無仮説と対立仮説は，次のようにかける。

$H_0: \mu = 18$ （この場合の帰点仮説は $H_0: \mu = 18$ または $H_0: \mu \leq 18$ と書いてもよい。）

$H_1: \mu > 18$

ここでは，有意水準 $\alpha = 0.05$ を選択する。

〔注意〕

　H_0 は常に等号を含む。

　エクセルを使用する。「メニューバー」の「データ」にカーソルを移動し，マウスの左側のボタンを押す。マウスを使用して「データ分析」を選ぶと「データ分析」の画面が現れる。「データ分析」の画面の矢印を，マウスを使って動かし，「t 検定：一対の標本による平均の検定」を選び，「OK」を押すと，次の画面が現れる。変数1の箱に「A1：A20」，変数2の箱に「B1：B20」，仮説平均との差異の箱に「18」と入力し，「OK」を押すと，次の結果が得られる。

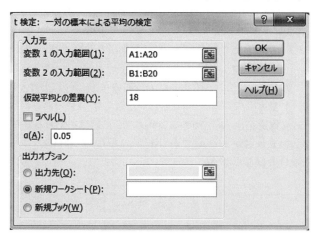

	A	B	C
1	t-検定: 一対の標本による平均の検定ツール		
2			
3		変数1	変数2
4	平均	19.615 ←	0
5	分散	4.879237	0
6	観測数	20	20
7	ピアソン相関	#DIV/0!	
8	仮説平均との差異	18	
9	自由度	19	
10	t	3.269728 ←	
11	P(T<=t) 片側	0.002015 ←	
12	t 境界値 片側	1.729133	
13	P(T<=t) 両側	0.004031	
14	t 境界値 両側	2.093024	

　平均 $= \bar{x} = 19.615 > 18$ で，対立仮説は $\mu > 18$ である。したがって，対立仮説のもとで母集団の平均も，標本平均もともに 18 より大きい。つまり，$\mu_0 = 18$ に対する両者の不等号の向きが同方向であるから p-値は 0.002015（$P(T \leq t)$ 片側，エクセルの表示は片側という意味で，表示された不等号の向きは無視する）である。この意味は

　　$P(T \geq t) = P(T \geq 3.269728) = 0.002015$　である。

検定の規則は
- (a) p-値＜有意水準であれば，H_0を棄却し，H_1を採択する。
- (b) p-値≧有意水準であれば，H_0を棄却しない。

であり，p-値＝0.002015＜有意水準＝0.05であるからH_0を棄却する。つまり，有意水準5％で母集団の平均は18より大きいといえる。

〔注意〕

もし，平均＝$\bar{x}$＜18で，対立仮説が$\mu > 18$ならば，$\mu_0 = 18$に対する両者の不等号の向きが反対である。したがって，このときのp-値は$1 - 0.002015 = 0.997985$（$P(T \leq t)$片側）である。この意味は$P(T \leq t) = P(T \leq 3.269728) = 1 - 0.002015 = 0.997985$である。このように$p$-値が有意水準の5％より大きいか等しい場合は，$H_0$を棄却せず，結論として有意水準5％で母集団の平均は18より大きいといえるほどの証拠はないと答える。

t-値を$(\bar{x} - \mu_0)/(s/\sqrt{n})$とすると，片側検定の場合，エクセルは$t$-分布の$(t$-値,$\infty)$における確率と，$(-\infty, t$-値$)$における確率の小さい方を$p$-値としている。このどちらが適切な$p$-値であるかは，対立仮説のもとで，$\bar{x}$と$\mu_0$の関係による。対立仮説が$\mu > \mu_0$でかつ$\bar{x} > \mu_0$なら，$t$-値は正であるから，$p$-値はエクセルの$p$-値に一致する。しかし対立仮説が$\mu < \mu_0$でかつ$\bar{x} > \mu_0$なら，$t$-値は正であるから，$p$-値は1からエクセルの$p$-値をひかなければならない。

5-2　演習問題

1． 5歳児12人を無作為に選び，あるパズルを与え，何分でパズルを組立てられるか試したところ，次のような結果（分）が得られました（人工データ）。

　　2.3,　3.2,　5.3,　4.2,　1.8,　6.3,　4.6,　5.1,　3.4,　6.2,　3.1,　4.8

子供たちがパズルを組み立てる時間が近似的に正規分布に従うとする。

- (1) 母集団の平均値が4であるか，有意水準5％で検定しなさい。
- (2) 母集団の平均値が3.5より小さいか，適当な仮説を立て，有意水準1％で検定しなさい。

2． ある種のりんごの重さは正規分布に従う。いま，無作為に選んだ10個のりんごの重さを量ったところ，次のような結果（グラム）が得られました（人工データ）。

　　374,　316,　287,　387,　346,　288,　325,　342,　334,　312

- (1) 母集団の平均値が350であるか，有意水準5％で検定しなさい。
- (2) 母集団の平均値が350以上か，有意水準10％で検定しなさい。

3． ある会社では，長さ4cmのくぎを作っている。確率変数Xを釘の長さとすると，Xは正規分布に従うことが知られています。いま，無作為に6本の釘を選び出したとき，それらの長さは以下のようでした（人工データ）。

　　4.02,　3.97,　3.99,　4.03,　4.01,　4.03

- (1) 母集団の平均値が4であるか，有意水準5％で検定しなさい。
- (2) 母集団の平均値が4.01より小さいか，適当な仮説を立て，有意水準5％で検定しなさい。

6 2つの母集団に対する統計的推論

6-1 2つの母集団からそれぞれ独立な標本を得た場合の μ_1 と μ_2 に対する信頼区間と検定

母集団1の確率変数 X_1 は平均 μ_1，分散 σ_1^2 の正規分布 $N(\mu_1, \sigma_1^2)$ に従い，母集団2の確率変数 X_2 は平均 μ_2，分散 σ_2^2 の正規分布 $N(\mu_2, \sigma_2^2)$ に従う。X_1 と X_2 は独立に分布し，$\sigma_1^2 = \sigma_2^2$ であると仮定する。母集団1より大きさ n_1 の標本を採り，標本平均 $\overline{X}_1$ と不偏分散 S_1^2 を求め，母集団2より大きさ n_2 の標本を採り，標本平均 $\overline{X}_2$ と不偏分散 S_2^2 を求める。
次の統計量

$$\frac{\overline{X}_1 - \overline{X}_2 - (\mu_1 - \mu_2)}{\sqrt{\left(\frac{1}{n_1} + \frac{1}{n_2}\right)\frac{(n_1-1)S_1^2 + (n_2-1)S_2^2}{n_1+n_2-2}}}$$

は自由度 n_1+n_2-2 の t 分布，$t_{n_1+n_2-2}$，に従う。ここで $\frac{(n_1-1)S_1^2+(n_2-1)S_2^2}{n_1+n_2-2}$ をプールされた分散という。

● なぜこのような統計量を使用するのか

母集団1の確率変数 X_1 は平均 μ_1，分散 σ_1^2 の正規分布 $N(\mu_1, \sigma_1^2)$，母集団2の確率変数 X_2 は平均 μ_2，分散 σ_2^2 の正規分布 $N(\mu_2, \sigma_2^2)$ に従うと，標本平均 $\overline{X}_1$，ならびに標本平均 $\overline{X}_2$ は，それぞれ以下の正規分布に従う。

$$\overline{X}_1 \sim N\left(\mu_1, \frac{\sigma_1^2}{n_1}\right), \quad \overline{X}_2 \sim N\left(\mu_2, \frac{\sigma_2^2}{n_2}\right)$$

さらに X_1 と X_2 は独立に分布し，$\sigma_1^2 = \sigma_2^2 = \sigma^2$ であると仮定すると

$$\overline{X}_1 - \overline{X}_2 \sim N\left(\mu_1 - \mu_2, \left(\frac{1}{n_1} + \frac{1}{n_2}\right)\sigma^2\right)$$

に従う。つまり統計量 $\dfrac{\overline{X}_1 - \overline{X}_2 - (\mu_1 - \mu_2)}{\sqrt{\left(\frac{1}{n_1} + \frac{1}{n_2}\right)\sigma^2}}$ は標準正規分布に従う。

$$\frac{\overline{X}_1 - \overline{X}_2 - (\mu_1 - \mu_2)}{\sqrt{\left(\frac{1}{n_1} + \frac{1}{n_2}\right)\sigma^2}} \sim N(0,1)$$

このことから，t 分布を導入したように，未知の母集団の分散 $\sigma_1^2 = \sigma_2^2$ がどのような値であっても，2つの母集団の平均値の差を検出でき，その差がほんの少しでも検出できること，ならびに標本より分散を求めるのにデータ数が多いほど信頼度が増すので，なるべく標本の大きさが大きな統計量が求められた。

詳しくは Hogg and Craig(1970, pp 199-200)，Cramér(1946, pp 388-389)参照。

どのような統計量を求めることが最良であるかということは，何をもって最良であるかという疑問にたどりつく。この目的を達成するために，十分統計量，有効推定量，最尤推定量，一様最小分散不偏推定量，最良漸近正規推定量等，多くの概念を生み出した。Hogg and Craig(1970)，Cramér(1946)参照。

母集団1より大きさ n_1 の標本をとり，得られた標本平均の値 $\bar{x}_1$ と不偏分散 s_1^2，ならびに母集団2より大きさ n_2 の標本をとり，標本平均の値 $\bar{x}_2$ と不偏分散 s_2^2 を用い，未知の母集団の平均値の差を $\mu_1 - \mu_2 = D_0$ とおき，統計量

$$\frac{\bar{x}_1 - \bar{x}_2 - D_0}{\sqrt{\left(\frac{1}{n_1} + \frac{1}{n_2}\right) \frac{(n_1-1)s_1^2 + (n_2-1)s_2^2}{n_1+n_2-2}}}$$

を計算することにより，この統計量の値のいかんにより，母集団の平均値の差が D_0 と考えられるか検定できる。

仮説検定の場合，帰無仮説を $\mu_1 - \mu_2 = D_0$ とし，対立仮説を $\mu_1 - \mu_2 > D_0$ とする。あくまでも $\mu_1 - \mu_2 = D_0$ は帰無仮説で，帰無仮説が正しいか，あるいは誤りかはわからないとする。もしどちらが正しいか，わかっていれば，統計的仮説検定は不必要である。

いま，仮説検定を説明するために，簡単な例題により2母集団の平均値の差の検定の考え方を説明する。母集団1をホルスタイン種の雌牛の体重とし，$\mu_1 = 650\,\mathrm{kg}$ とする。母集団2をショートホーン種の雌牛の体重とし，$\mu_2 = 650\,\mathrm{kg}$ とする。つまり，帰無仮説が正しいとき $\mu_1 - \mu_2 = D_0 = 650 - 650 = 0$ となる。母集団1からの標本平均 $\bar{x}_1$ は，680 kg，600 kg，630 kg 等，およそ 580～720 kg となるであろう。母集団2からの標本平均 $\bar{x}_2$ もおよそ同様に，690 kg，600 kg，640 kg 等となるであろうから，$\bar{x}_1 - \bar{x}_2 - D_0$ は，最大で $720 - 580 - 0 = 140$ 位から，最小 $580 - 720 - 0 = -140$ 位であろう。この差 $\bar{x}_1 - \bar{x}_2 - D_0$，$-140$～$140$ は $\bar{X}_1 - \bar{X}_2 - (\mu_1 - \mu_2)$ の標準誤差(統計量の標準偏差を標準誤差という)で割ることにより，帰無仮説が正しいとき統計量

$$\frac{\bar{X}_1 - \bar{X}_2 - (\mu_1 - \mu_2)}{\sqrt{\left(\frac{1}{n_1} + \frac{1}{n_2}\right) \frac{(n_1-1)S_1^2 + (n_2-1)S_2^2}{n_1+n_2-2}}}$$

は自由度 $n_1 + n_2 - 2$ の t 分布に従うから

$$\frac{\bar{x}_1 - \bar{x}_2 - D_0}{\sqrt{\left(\frac{1}{n_1} + \frac{1}{n_2}\right) \frac{(n_1-1)s_1^2 + (n_2-1)s_2^2}{n_1+n_2-2}}}$$

は -3～3 位(もちろんこれらの値は，自由度によって随分異なる)，つまり，0に近い値をとると考えられる。

対立仮説が正しいかわからないので，われわれは，常に帰無仮説が正しいと仮定している。したがって，この場合も $D_0 = 0$ である。われわれは帰無仮説が正しいのか，あるいは対立仮説が正しいのか知らないので，帰無仮説が正しいという仮説のもとで仮説検定を行い，もし対立

仮説が正しいとき統計量がどうなるか調べる。

ここで対立仮説は，母集団1をホルスタイン種の雌牛の体重とし，$\mu_1 = 650 \mathrm{kg}$ とするが，母集団2をジャージーの雌牛の体重とし，$\mu_2 = 400 \mathrm{kg}$ とする。母集団2からの標本平均 $\bar{x}_2$ は，$450\mathrm{kg}$，$420\mathrm{kg}$，$360\mathrm{kg}$ など，およそ $350 \sim 450 \mathrm{kg}$ となるであろう。$\bar{x}_1 - \bar{x}_2 - D_0$ は最大で $720 - 350 - 0 = 370$ 位から，最小 $580 - 450 - 0 = 130$ 位であろう。$\bar{x}_1 - \bar{x}_2 - D_0$ は $130 \sim 370$ 位と考えられ，帰無仮説が正しいときの値 $-140 \sim 140$ に比べ，$\bar{x}_1 - \bar{x}_2 - D_0$ の値はかなり大きくなる。つまり

$$\frac{\bar{x}_1 - \bar{x}_2 - D_0}{\sqrt{\left(\frac{1}{n_1} + \frac{1}{n_2}\right)\frac{(n_1-1)s_1^2 + (n_2-1)s_2^2}{n_1+n_2-2}}}$$

は，多くの場合3（もちろんこれらの値は，自由度によって，随分異なる）以上となる。つまり0よりかなり大きな値をとると考えられる。観測された

$$\frac{\bar{x}_1 - \bar{x}_2 - D_0}{\sqrt{\left(\frac{1}{n_1} + \frac{1}{n_2}\right)\frac{(n_1-1)s_1^2 + (n_2-1)s_2^2}{n_1+n_2-2}}}$$

を t-値とし，帰無仮説が正しいと仮定したときの t 分布の t-値よりも大きな値をとる確率を p-値という。

以上をまとめると，次のようになる。帰無仮説を $\mu_1 - \mu_2 = D_0$ とし，対立仮説を $\mu_1 - \mu_2 > D_0$ とする。帰無仮説が正しいときは，t-値が0の近くになり，したがって p-値が大きくなる。対立仮説が正しいときは，t-値が大きな正の数になり，したがって p-値が小さくなる。p-値が大きいか，あるいは小さいかを判断する基準が有意水準で，多くの場合有意水準は $0.1 \sim 0.01$

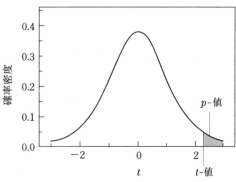

$(10\% \sim 1\%)$ が使われる。つまり p-値が有意水準より小さければ，帰無仮説を棄却し，対立仮説を採択する。また，もし p-値が有意水準以上であれば，帰無仮説を棄却しない。

帰無仮説を $\mu_1 - \mu_2 = D_0$ とし，対立仮説を $\mu_1 - \mu_2 < D_0$ とする。帰無仮説が正しいときは t-値が0の近くになり，したがって p-値が大きくなる。対立仮説が正しいときは，t-値が負の大きな数になり，したがって p-値が小さくなる。この場合の p-値は，帰無仮説が正しいと仮定したとき，統計量が t-値よりも小さな値をとる確率である。以上が片側検定である。

帰無仮説を $\mu_1 - \mu_2 = D_0$ とし，対立仮説を $\mu_1 - \mu_2 \neq D_0$ とする。帰無仮説が正しいときは t-値が0の近くになり，したがって p-値が大きくなる。対立仮説が正しいときは，t-値が負または正の大きな数になり，したがって p-値が小さくなる。この場合の p-値は，帰無仮説が正しいと仮定したとき，統計量が t-値の絶対値よりも大きな値をとる確率である。これを両側検定という。

2つの独立な標本を得た場合，母集団の平均値の差に対する仮説検定（独立な2標本の母平均の差の検定）を，次のように行う。

1. 帰無仮説をかく。

　　〔例〕$H_0 : \mu_1 = \mu_2 + D_0$

ここで，D_0 は既知の値である。

〔注意〕

　H_0 は常に等号を含む。

2. 対立仮説をかく。

　　〔例〕$H_1 : \mu_1 \neq \mu_2 + D_0$
　　　　　$H_1 : \mu_1 > \mu_2 + D_0$
　　　　　$H_1 : \mu_1 < \mu_2 + D_0$

3. 有意水準 α をきめる。

　　〔例〕$\alpha = 0.05$

4. 検定の規則は

　　(a) p-値＜有意水準であれば，H_0 を棄却し，H_1 を採択する。
　　(b) p-値≧有意水準であれば，H_0 を棄却しない。

5. 無作為に採られた2つの独立な標本より，それぞれの標本平均値や不偏分散などを計算し，p-値を求める。

6. 5.で求めた p-値を4.で得られた検定の規則に当てはめ，H_0 を棄却し，H_1 を採択するか，あるいは H_0 を棄却しないかを決定する。

　　平均値の差の信頼区間を求めるときは，$t_{n_1+n_2-2}$ 分布の上側 $\frac{1}{2}\alpha$ 確率点を $t_{\frac{1}{2}\alpha, n_1+n_2-2}$ とかくと

$$1-\alpha = P\left(-t_{\frac{1}{2}\alpha, n_1+n_2-2} < \frac{\overline{X}_1 - \overline{X}_2 - (\mu_1 - \mu_2)}{\sqrt{\left(\frac{1}{n_1} + \frac{1}{n_2}\right)\frac{(n_1-1)S_1^2 + (n_2-1)S_2^2}{n_1+n_2-2}}} < t_{\frac{1}{2}\alpha, n_1+n_2-2}\right)$$

$$= P\left(\overline{X}_1 - \overline{X}_2 - t_{\frac{1}{2}\alpha, n_1+n_2-2}\sqrt{\left(\frac{1}{n_1} + \frac{1}{n_2}\right)\frac{(n_1-1)S_1^2 + (n_2-1)S_2^2}{n_1+n_2-2}} < \mu_1 - \mu_2\right.$$

$$\left. < \overline{X}_1 - \overline{X}_2 + t_{\frac{1}{2}\alpha, n_1+n_2-2}\sqrt{\left(\frac{1}{n_1} + \frac{1}{n_2}\right)\frac{(n_1-1)S_1^2 + (n_2-1)S_2^2}{n_1+n_2-2}}\right)$$

なる関係式から $\mu_1 - \mu_2$ の $100(1-\alpha)$％信頼区間は

$$\left(\overline{x}_1 - \overline{x}_2 - t_{\frac{1}{2}\alpha, n_1+n_2-2}\sqrt{\left(\frac{1}{n_1} + \frac{1}{n_2}\right)\frac{(n_1-1)s_1^2 + (n_2-1)s_2^2}{n_1+n_2-2}},\right.$$

$$\left.\overline{x}_1 - \overline{x}_2 + t_{\frac{1}{2}\alpha, n_1+n_2-2}\sqrt{\left(\frac{1}{n_1} + \frac{1}{n_2}\right)\frac{(n_1-1)s_1^2 + (n_2-1)s_2^2}{n_1+n_2-2}}\right)$$

で与えられる。

例題

2つの異なった会社A, Bから化学物質を購入したとき，それぞれの会社から納入された化学物質を，10ずつ無作為に選び，化学物質に含まれているマンガンのパーセントを調べたところ，次の結果が得られました(Chatfield(1983), Statistics for Technology, p.145 参照)。

化学物質に含まれているマンガンのパーセント

| 会社A | 3.3 | 3.7 | 3.5 | 4.1 | 3.4 | 3.5 | 4.0 | 3.8 | 3.2 | 3.7 |
| 会社B | 3.2 | 3.6 | 3.1 | 3.4 | 3.0 | 3.4 | 2.8 | 3.1 | 3.3 | 3.6 |

2つの母集団の化学物質に含まれているマンガンのパーセントは，それぞれ平均μ_1，分散σ_1^2の正規分布$N(\mu_1, \sigma_1^2)$，平均μ_2，分散σ_2^2の正規分布$N(\mu_2, \sigma_2^2)$に近似的に従い，$\sigma_1^2 = \sigma_2^2$であると仮定します。

(1) 有意水準5%で仮説$\mu_1 = \mu_2$を検定しない。
(2) $\mu_1 - \mu_2$の約95%の信頼区間を求めなさい。

解

(1) 解説：仮説$\mu_1 = \mu_2$には等号「=」が含まれているので，帰無仮説であり，「$\mu_1 = \mu_2$」の否定は，「$\mu_1 \neq \mu_2$」となる。したがって，帰無仮説と対立仮説は，次のようにかける。

$H_0: \mu_1 = \mu_2$

$H_1: \mu_1 \neq \mu_2$

エクセルシート上のセルA1からA10とB1からB10に，与えられたデータを入力する。「ツールバー」の「ツール」にカーソルを移動し，マウスの左側のボタンを押す。マウスを使用して「分析ツール」を選ぶと「データ分析」の画面が現れる。「データ分析」の画面の矢印を，マウスを使って動かし，「t検定：等分散を仮定した2標本による検定」を選び，「OK」を押すと次の画面が現れる。

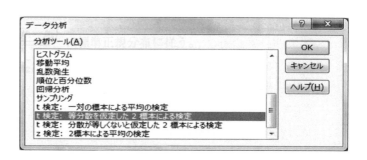

変数1の箱に「A1：A10」，変数2の箱に「B1：B10」，仮説平均との差異の箱に「0」とかき，「OK」を押すと次の結果が得られる。

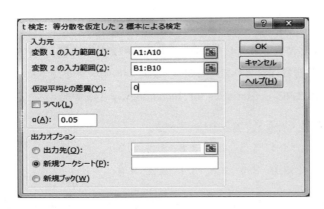

上の結果より，p-値は $0.007907(P(T \leq t)$ 両側$)$ である。この意味は

$$P(T \leq -2.986938 \ or \ 2.986938 \leq T) = 0.007907 \text{ である。}$$

検定の規則は

(a) p-値＜有意水準であれば，H_0 を棄却し，H_1 を採択する。

(b) p-値≧有意水準であれば，H_0 を棄却しない。

であり，p-値 $= 0.007907 <$ 有意水準 $= 0.05$ であるから H_0 を棄却し，H_1 を採択する。つまり，有意水準 5% で母集団の母平均 μ_1 と母平均 μ_2 は異なるといえる。

(2) 下の計算結果より，$\mu_1 - \mu_2$ の約 95% の信頼区間は，以下のように求められる。

	A	B	C
1	t-検定: 等分散を仮定した2標本による検定		
2			
3		変数 1	変数 2
4	平均	3.62	3.25
5	分散	0.086222	0.067222
6	観測数	10	10
7	プールされた分散	0.076722	
8	仮説平均との差異	0	
9	自由度	18	
10	t	2.986938	
11	P(T<=t) 片側	0.003953	
12	t 境界値 片側	1.734064	
13	P(T<=t) 両側	0.007907	
14	t 境界値 両側	2.100922	

$$\left(\bar{x}_1 - \bar{x}_2 - t\text{境界値両側} \times \sqrt{\frac{1}{\text{観測数}1} + \frac{1}{\text{観測数}2}} \times \sqrt{\text{プールされた分散}}, \right.$$

$$\left. \bar{x}_1 - \bar{x}_2 + t\text{境界値両側} \times \sqrt{\frac{1}{\text{観測数}1} + \frac{1}{\text{観測数}2}} \times \sqrt{\text{プールされた分散}} \right)$$

$$= \left(3.62 - 3.25 - 2.100922 \times \sqrt{\frac{1}{10} + \frac{1}{10}} \times \sqrt{0.076722}, \right.$$

$$\left. 3.62 - 3.25 + 2.100922 \times \sqrt{\frac{1}{10} + \frac{1}{10}} \times \sqrt{0.076722} \right) = (0.10975, \ 0.630247)$$

$\mu_1-\mu_2$ の約 95% の信頼区間は $(0.10975, 0.630247)$ である。これは次のようにもかける。約 0.95 の確率で，$0.10975 < \mu_1-\mu_2 < 0.630247$ である。

例題

2つの異なった会社 A, B から化学物質を購入したとき，それぞれの会社から納入された化学物質を，10 ずつ無作為に選び，化学物質に含まれているマンガンのパーセントを調べたところ，次の結果が得られました（Chatfield(1983), Statistics for Technology, p.145 参照）。

化学物質に含まれているマンガンのパーセント

会社 A	3.3	3.7	3.5	4.1	3.4	3.5	4.0	3.8	3.2	3.7
会社 B	3.2	3.6	3.1	3.4	3.0	3.4	2.8	3.1	3.3	3.6

2つの母集団の化学物質に含まれているマンガンのパーセントは，それぞれ平均 μ_1, 分散 σ_1^2 の正規分布 $N(\mu_1, \sigma_1^2)$，平均 μ_2, 分散 σ_2^2 の正規分布 $N(\mu_2, \sigma_2^2)$ に近似的にしたがい，$\sigma_1^2 = \sigma_2^2$ であると仮定します。

(1) 有意水準 5% で μ_1 は μ_2 以下であるか，適当な仮説を立て検定しなさい。

(2) $\mu_1 - \mu_2$ の約 95% の信頼区間を求めなさい。

解

(1) 解説：μ_1 は μ_2 以下であるという仮説は，$\mu_1 \leq \mu_2$ と書ける。この式には等号「=」が含まれているので，$\mu_1 \leq \mu_2$ は帰無仮説であり，「$\mu_1 \leq \mu_2$」の否定は，「$\mu_1 > \mu_2$」となる。したがって，帰無仮説と対立仮説は，次のようにかける。

$H_0: \mu_1 = \mu_2$ あるいは $\mu_1 \leq \mu_2$

$H_1: \mu_1 > \mu_2$

〔注意〕

H_0 は常に等号を含む。

この場合は片側検定となる。エクセルを使用すると，計算結果は，前問と全く同じになる。つまり，計算結果は以下のようである。

	A	B	C
1	t-検定: 等分散を仮定した2標本による検定		
2			
3		変数 1	変数 2
4	平均	3.62	3.25
5	分散	0.086222	0.067222
6	観測数	10	10
7	プールされた分散	0.076722	
8	仮説平均との差異	0	
9	自由度	18	
10	t	2.986938 ←	
11	P(T<=t) 片側	0.003953 ←	
12	t 境界値 片側	1.734064	
13	P(T<=t) 両側	0.007907	
14	t 境界値 両側	2.100922	

$\overline{x}_1 - \overline{x}_2 = 3.62 - 3.25 = 0.37$，つまり $\overline{x}_1 > \overline{x}_2$ で，対立仮説も $\mu_1 > \mu_2$ で，両者の不等式の関係が同じである。したがって p-値は $0.003953(P(T \leqq t)$ 片側，エクセルの表示は片側という意味で，表示された不等号の向きは無視する)である。この意味は
$P(T \geqq t) = P(T \geqq 2.986938) = 0.003953$ である。

検定の規則は

(a) p-値<有意水準であれば，H_0 を棄却し，H_1 を採択する。

(b) p-値≧有意水準であれば，H_0 を棄却しない。

であり，p-値 $= 0.003953 <$ 有意水準 $= 0.05$ であるから H_0 を棄却する。つまり有意水準 5 % で μ_1 は μ_2 より大きいといえる。

〔注意〕

$\overline{x}_1 - \overline{x}_2 = 3.62 - 3.25 = 0.37$，つまり $\overline{x}_1 > \overline{x}_2$ で，もし対立仮説が $\mu_1 < \mu_2$ ならば，両者の不等式の関係が逆である。このときの p-値は

p-値 $= 1 - P(T \leqq t)$ 片側

となる。したがって p-値は $1 - 0.003953 = 0.996047(P(T \leqq t)$ 片側)である。この意味は
$P(T \leqq t) = P(T \leqq 2.986938) = 1 - 0.003953 = 0.996047$ である。したがって結論は，有意水準 5 % で μ_1 は μ_2 より小さいといえるほどの証拠はない。

(2) $\mu_1 - \mu_2$ の約 95 % の信頼区間は，前問と同じで，(0.1098, 0.6302)である。これは次のようにもかける。約 0.95 の確率で，$0.1098 < \mu_1 - \mu_2 < 0.6302$ である。

母集団 1 の確率変数 X_1 は平均 μ_1，分散 σ_1^2 の正規分布 $N(\mu_1, \sigma_1^2)$，母集団 2 の確率変数 X_2 は平均 μ_2，分散 σ_2^2 の正規分布 $N(\mu_2, \sigma_2^2)$ にしたがい，X_1 と X_2 は独立に分布し，$\sigma_1^2 \neq \sigma_2^2$ であると仮定する。母集団 1 より大きさ n_1 の標本をとり，標本平均 $\overline{X}_1$ と不偏分散 S_1^2 を求め，母集団 2 より大きさ n_2 の標本をとり，標本平均 $\overline{X}_2$ と不偏分散 S_2^2 を求める。統計量

$$\frac{\overline{X}_1 - \overline{X}_2 - (\mu_1 - \mu_2)}{\sqrt{\frac{S_1^2}{n_1} + \frac{S_2^2}{n_2}}} \text{ は自由度 } \nu = \left[\frac{\left(\frac{S_1^2}{n_1} + \frac{S_2^2}{n_2}\right)^2}{\frac{\left(\frac{S_1^2}{n_1}\right)^2}{n_1 - 1} + \frac{\left(\frac{S_2^2}{n_2}\right)^2}{n_2 - 1}} \right] \text{ の } t \text{ 分布，} t_\nu \text{ に近似的に従う。}$$

ここで $[\nu]$ は ν を超えない最大の整数である。

● なぜこのような統計量を使用するのか

母集団 1 の確率変数 X_1 は平均 μ_1，分散 σ_1^2 の正規分布 $N(\mu_1, \sigma_1^2)$，母集団 2 の確率変数 X_2 は平均 μ_2，分散 σ_2^2 の正規分布 $N(\mu_2, \sigma_2^2)$ に従うと，標本平均 $\overline{X}_1$，ならびに標本平均 $\overline{X}_2$ は，それぞれ以下の正規分布に従う。

$$\overline{X}_1 \sim N\left(\mu_1, \frac{\sigma_1^2}{n_1}\right), \quad \overline{X}_2 \sim N\left(\mu_2, \frac{\sigma_2^2}{n_2}\right)$$

さらに X_1 と X_2 は独立に分布し，$\sigma_1^2 \neq \sigma_2^2$ であると仮定するか，あるいは 2 つの分散 σ_1^2 と σ_2^2

の関係が不明である場合

$$\overline{X}_1-\overline{X}_2 \sim N\left(\mu_1-\mu_2, \frac{\sigma_1^2}{n_1}+\frac{\sigma_2^2}{n_2}\right)$$

に従う。つまり統計量 $\dfrac{\overline{X}_1-\overline{X}_2-(\mu_1-\mu_2)}{\sqrt{\dfrac{\sigma_1^2}{n_1}+\dfrac{\sigma_2^2}{n_2}}}$ は標準正規分布に従う。

$$\frac{\overline{X}_1-\overline{X}_2-(\mu_1-\mu_2)}{\sqrt{\dfrac{\sigma_1^2}{n_1}+\dfrac{\sigma_2^2}{n_2}}} \sim N(0,1)$$

この場合，未知の2つの母集団の分散 $\sigma_1^2 \neq \sigma_2^2$ を標本からの統計量に置き換え，未知の2つの母集団の分散 $\sigma_1^2 \neq \sigma_2^2$ がどのような値であっても，2つの母集団の平均値の差を検出できるような正確な分布をもつ統計量は求められていない。これはベーレンス-フィッシャー問題 (Behrens-Fisher 問題)とよばれ，いくつかの近似解が得られている。上に導入した方法はウェルチ Welch の統計量とよばれている。竹内啓(1958)参照。

母集団1より大きさ n_1 の標本を採り，得られた標本平均 $\overline{x}_1$ と不偏分散 s_1^2 を求め，ならびに母集団2より大きさ n_2 の標本を採り，標本平均 $\overline{x}_2$ と不偏分散 s_2^2 を用い，未知の母集団の平均値の差を $\mu_1-\mu_2=D_0$ とおき，統計量

$$\frac{\overline{x}_1-\overline{x}_2-D_0}{\sqrt{\dfrac{s_1^2}{n_1}+\dfrac{s_2^2}{n_2}}}$$

を計算することにより，この統計量の値のいかんにより，母集団の平均値の差が D_0 と考えられるか検定できる。もし母集団の平均値の差が D_0 であれば，この統計量は t_ν 分布に従うことにより，0の近くに集まり，もし母集団の平均値の差が D_0 でなければ，この統計量は0より離れた値を採ることになる。この0に近いか離れているかは，有意水準によって判断される。

平均値の差の信頼区間を求めるときは，t_ν 分布の上側 $\dfrac{1}{2}\alpha$ 確率点を $t_{\frac{1}{2}\alpha,\nu}$ と書くと

$$1-\alpha \approx P\left(-t_{\frac{1}{2}\alpha,\nu} < \frac{\overline{X}_1-\overline{X}_2-(\mu_1-\mu_2)}{\sqrt{\dfrac{S_1^2}{n_1}+\dfrac{S_2^2}{n_2}}} < t_{\frac{1}{2}\alpha,\nu}\right)$$

$$=P\left(\overline{X}_1-\overline{X}_2-t_{\frac{1}{2}\alpha,\nu}\sqrt{\dfrac{S_1^2}{n_1}+\dfrac{S_2^2}{n_2}} < \mu_1-\mu_2 < \overline{X}_1-\overline{X}_2+t_{\frac{1}{2}\alpha,\nu}\sqrt{\dfrac{S_1^2}{n_1}+\dfrac{S_2^2}{n_2}}\right)$$

なる関係式から $\mu_1-\mu_2$ の $100(1-\alpha)\%$ 信頼区間は

$$\left(\overline{x}_1-\overline{x}_2-t_{\frac{1}{2}\alpha,\nu}\sqrt{\dfrac{s_1^2}{n_1}+\dfrac{s_2^2}{n_2}},\ \overline{x}_1-\overline{x}_2+t_{\frac{1}{2}\alpha,\nu}\sqrt{\dfrac{s_1^2}{n_1}+\dfrac{s_2^2}{n_2}}\right)$$

で与えられる。ここで記号 "$\approx$" は，「近似的に等しい」という意味である。

> 例題

2つの異なった会社A, Bから化学物質を購入したとき，それぞれの会社から納入された化学物質を，10ずつ無作為に選び，化学物質に含まれているマンガンのパーセントを調べたところ，次の結果が得られました(Chatfield(1983), Statistics for Technology, p.145 参照)。

化学物質に含まれているマンガンのパーセント

会社A　3.3　3.7　3.5　4.1　3.4　3.5　4.0　3.8　3.2　3.7
会社B　3.2　3.6　3.1　3.4　3.0　3.4　2.8　3.1　3.3　3.6

2つの母集団の化学物質に含まれているマンガンのパーセントは，それぞれ平均 μ_1，分散 σ_1^2 の正規分布 $N(\mu_1, \sigma_1^2)$，平均 μ_2，分散 σ_2^2 の正規分布 $N(\mu_2, \sigma_2^2)$ に近似的に従う。

(1)　有意水準5%で仮説 $\mu_1 = \mu_2$ を検定しなさい。
(2)　$\mu_1 - \mu_2$ の約95%の信頼区間を求めなさい。

> 解

分散については何も書いていないので，$\sigma_1^2 \neq \sigma_2^2$ であると仮定する。

(1)　解説：仮説 $\mu_1 = \mu_2$ には等号「=」が含まれているので，帰無仮説であり，「$\mu_1 = \mu_2$」の否定は，「$\mu_1 \neq \mu_2$」となる。したがって，帰無仮説と対立仮説は，次のようにかける。

$H_0 : \mu_1 = \mu_2$

$H_1 : \mu_1 \neq \mu_2$

エクセルシート上のセルA1からA10とB1からB10に，与えられたデータを入力する。「ツールバー」の「ツール」にカーソルを移動し，マウスの左側のボタンを押す。マウスを使用して「分析ツール」を選ぶと「データ分析」の画面が現れる。「データ分析」の画面の矢印を，マウスを使って動かし，「t検定：分散が等しくないと仮定した2標本による検定」を選び，「OK」を押すと次の画面が現れる。

変数1の箱に「A1：A10」，変数2の箱に「B1：B10」，仮説平均との差異の箱に「0」と書き，「OK」を押すと次の結果が得られる。

上の結果より，p-値は 0.007907（$P(T \leq t)$ 両側）である。この意味は
$P(T \leq -2.986938 \ or \ 2.986938 \leq T) = 0.007907$ である。

検定の規則は

(a) p-値＜有意水準であれば，H_0 を棄却し，H_1 を採択する。

(b) p-値≧有意水準であれば，H_0 を棄却しない。

であり，p-値＝0.007907＜有意水準＝0.05 であるから H_0 を棄却し，H_1 を採択する。つまり，有意水準5％で母集団の母平均 μ_1 と母平均 μ_2 は異なるといえる。

(2) 上の計算結果より，$\mu_1 - \mu_2$ の約95％の信頼区間は以下のように求められる。

$$\left(\overline{x}_1 - \overline{x}_2 - t\text{ 境界値両側} \times \sqrt{\frac{\text{分散}1}{\text{観測数}1} + \frac{\text{分散}2}{\text{観測数}2}}, \ \overline{x}_1 - \overline{x}_2 + t\text{ 境界値両側} \times \sqrt{\frac{\text{分散}1}{\text{観測数}1} + \frac{\text{分散}2}{\text{観測数}2}}\right)$$

$$= \left(3.62 - 3.25 - 2.100922 \times \sqrt{\frac{0.086222}{10} + \frac{0.067222}{10}}, \right.$$

$$\left. 3.62 - 3.25 + 2.100922 \times \sqrt{\frac{0.086222}{10} + \frac{0.067222}{10}}\right) = (0.1098, 0.6302)$$

$\mu_1 - \mu_2$ の約 95％の信頼区間は $(0.1098, 0.6302)$ である。これは次のようにも書ける。約 0.95 の確率で，$0.1098 < \mu_1 - \mu_2 < 0.6302$ である。

	A	B	C	D
1	t-検定: 分散が等しくないと仮定した2標本による検定			
2				
3		変数 1	変数 2	
4	平均 →	3.62	3.25	←
5	分散 →	0.086222	0.067222	←
6	観測数 →	10	10	←
7	仮説平均との差異	0		
8	自由度	18		
9	t	2.986938		
10	P(T<=t) 片側	0.003953		
11	t 境界値 片側	1.734064		
12	P(T<=t) 両側	0.007907		
13	t 境界値 両側	2.100922	←	

例題

2つの異なった会社 A, C から化学物質を購入したとき，それぞれの会社から納入された化学物質を，10ずつ無作為に選び，化学物質に含まれているマンガンのパーセントを調べたところ，次の結果が得られました (Chatfield(1983), Statistics for Technology, p.145 参照, C 社のデータは人工データ)。

化学物質に含まれているマンガンのパーセント

会社　A　3.3　3.7　3.5　4.1　3.4　3.5　4.0　3.8　3.2　3.7
会社　C　4.5　4.8　4.3　4.2　4.0　4.2　4.7　4.1　4.4　4.6

2つの母集団の化学物質に含まれているマンガンのパーセントは，それぞれ平均 μ_1，分散 σ_1^2 の正規分布 $N(\mu_1, \sigma_1^2)$，平均 μ_2，分散 σ_2^2 の正規分布 $N(\mu_2, \sigma_2^2)$ に近似的に従う。有意水準 5％ で μ_2 が μ_1 より 1％ 以上多いか，適当な仮説を立て検定しなさい。

解

分散については何も書いていないので，$\sigma_1^2 \neq \sigma_2^2$ であると仮定する。

解説：μ_2 が μ_1 より 1％以上多いとは，$\mu_2 \geq \mu_1 + 1$ とかけ，仮説 $\mu_2 \geq \mu_1 + 1$ には等号「＝」が含まれているので，帰無仮説であり，「$\mu_2 \geq \mu_1 + 1$」の否定は，「$\mu_2 < \mu_1 + 1$」となる。したがって，帰無仮説と対立仮説は，次のようにかける。

$H_0: \mu_2 \geq \mu_1 + 1$　あるいは　$\mu_2 = \mu_1 + 1$

$H_1: \mu_2 < \mu_1 + 1$

エクセルシート上のセル A2 から A11 と B2 から B11 に，与えられたデータを入力する。「ツールバー」の「ツール」にカーソルを移動し，マウスの左側のボタンを押す。マウスを使用して「分析ツール」を選ぶと，「データ分析」の画面が現れる。「データ分析」の画面の矢印を，マウスを使って動かし，「t 検定：分散が等しくないと仮定した2標本による検定」を選び，「OK」を押すと次の画面が現れる。

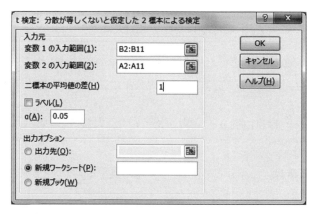

変数1の箱に「B2：B11」，変数2の箱に「A2：A11」，仮説平均との差異の箱に「1」と書き，「OK」を押すと次の結果が得られる。

〔注意〕

エクセルでは仮平均との差異は，正の数か0でなくてはならないので，変数1の箱に「B2：B11」，変数2の箱に「A2：A11」を入力する。

	A	B	C	D
1	t-検定: 分散が等しくないと仮定した2標本による検定			
2				
3		変数 1	変数 2	
4	平均	4.38	3.62	
5	分散	0.070667	0.086222	
6	観測数	10	10	
7	仮説平均との差異	1		
8	自由度	18		
9	t	-1.91609		
10	P(T<=t) 片側	0.035687		
11	t 境界値 片側	1.734064		
12	P(T<=t) 両側	0.071374		
13	t 境界値 両側	2.100922		

$\bar{x}_2 - \bar{x}_1 = 4.38 - 3.62 = 0.76$，つまり $\bar{x}_2 < \bar{x}_1 + 1$ で，対立仮説も $\mu_2 < \mu_1 + 1$ で，両者の不等式の関係が同じである。したがって上の結果より，p-値は $0.035687 (P(T \leq t)$ 片側) である。この意味は $P(T \leq -1.91609) \ 1.91609) = 0.035687$ である。

検定の規則は

(a) p-値＜有意水準であれば，H_0 を棄却し，H_1 を採択する。

(b) p-値≧有意水準であれば，H_0 を棄却しない。

であり，p-値 $= 0.035687 <$ 有意水準 $= 0.05$ であるから H_0 を棄却し，H_1 を採択する。つまり，有意水準5％で μ_2 は $\mu_1 + 1$ より少ないといえる。

〔注意〕

$\bar{x}_2 - \bar{x}_1 = 4.38 - 3.62 = 0.76$，つまり $\bar{x}_2 < \bar{x}_1 + 1$ で，もし対立仮説が $\mu_2 > \mu_1 + 1$ であれば，両者の不等式の関係が逆となり，このときの p-値は p-値 $= 1 - P(T \leq t)$ 片側となる。上の結果より，p-値は $1 - 0.035687 = 0.964313 (P(T \leq t)$ 片側) となる。したがって，この場合は p-値は $0.964313 > 0.05$ であり帰無仮説を棄却できない。つまり，有意水準5％で μ_2 は $\mu_1 + 1$ より多いといえるほどの証拠はなかった。

6-2 2つの標本がペアのときの μ_1 と μ_2 に対する検定

大きさ n のペアの標本 (X_i, Y_i) $(i=1,2,\cdots,n)$ を得た場合，ペアの標本の差に対応する確率変数 $D_i = X_i - Y_i$ が独立で平均 $\mu_X - \mu_Y = \mu$，分散 σ^2 の正規分布に従うとき，標本平均 $\overline{D}$ と不偏分散 S^2 を計算すると，$\dfrac{\overline{D} - \mu}{\frac{S}{\sqrt{n}}}$ は自由度 $n-1$ の t 分布，t_{n-1}，に従う。

平均値の差の信頼区間を求めるときは，t_{n-1} 分布の上側 $\dfrac{1}{2}\alpha$ 確率点を $t_{\frac{1}{2}\alpha, n-1}$ とかくと

$$1 - \alpha = P\left(-t_{\frac{1}{2}\alpha, n-1} < \frac{\overline{D} - \mu}{\sqrt{\frac{S^2}{n}}} < t_{\frac{1}{2}\alpha, n-1}\right) = P\left(\overline{D} - t_{\frac{1}{2}\alpha, n-1}\sqrt{\frac{S^2}{n}} < \mu < \overline{D} + t_{\frac{1}{2}\alpha, n-1}\sqrt{\frac{S^2}{n}}\right)$$

なる関係式から $\mu_X - \mu_Y$ の $100(1-\alpha)\%$ 信頼区間は，n 個のペアの観測値 (x_i, y_i) より $d_i = x_i - y_i$ を求め，d_i の標本平均の値 $\overline{d}$，不偏分散 s^2 を用いると

$$\left(\overline{d} - t_{\frac{1}{2}\alpha, n-1}\frac{s}{\sqrt{n}}, \overline{d} + t_{\frac{1}{2}\alpha, n-1}\frac{s}{\sqrt{n}}\right)$$

で与えられる。

ペアの標本 (x_i, y_i) $(i=1,2,\cdots,n)$ を得た場合，ペアの標本の差に対応する確率変数 $D_i = X_i - Y_i$ が独立で正規分布に従うと仮定する。それぞれの母集団の平均値の差 $\mu_X - \mu_Y$ に対する仮説検定を，次のように行う。

1. 帰無仮説をかく。

   〔例〕$H_0 : \mu_X - \mu_Y = D_0$

   ここで，D_0 は既知の値である。

〔**注意**〕：H_0 は常に等号を含む。

2. 対立仮説を書く。

   〔例〕$H_1 : \mu_X - \mu_Y \neq D_0$

   $H_1 : \mu_X - \mu_Y > D_0$

   $H_1 : \mu_X - \mu_Y < D_0$

3. 有意水準 α をきめる。

   〔例〕$\alpha = 0.05$

4. 検定の規則は

   (a) p-値 < 有意水準であれば，H_0 を棄却し，H_1 を採択する。

   (b) p-値 ≧ 有意水準であれば，H_0 を棄却しない。

5. 無作為に採られた2つの標本より，それぞれの標本平均値や不偏分散などを計算し，p-値を求める。

6. 5.で求めた p-値を 4.で得られた検定の規則に当てはめ，H_0 を棄却し，H_1 を採択するか，あるいは H_0 を棄却しないかを決定する。

例題

A, Bという2つの異なった方法により，鉄分の含有率(%)を調べる方法が提案されている。これらの方法の信頼性を調べるため，無作為に10の異なった化学物質が選び出され，それぞれの化学物質にA, B法を用い，鉄分の含有率を調査したところ次のような結果が得られました（Rees(1987), Foundations of Statistics,（Ress(1987), Foundations of Statistics, p.305 参照）。

方 法	化学物質	1	2	3	4	5	6	7	8	9	10
A(X)		13.3	17.6	4.1	17.2	10.1	3.7	5.1	7.9	8.7	11.6
B(Y)		13.4	17.9	4.1	17.0	10.3	4.0	5.1	8.0	8.8	12.0

ペアの標本の差に対応する確率変数 $D_i = X_i - Y_i$ が独立で同じ正規分布に従うと仮定する。このとき，μ_X と μ_Y は等しいか検定しなさい。ただし μ_X と μ_Y は，それぞれA, B法を用い，鉄分の含有率を調査したときの母集団の平均値とします。

解

$H_0 : \mu_X = \mu_Y$

$H_1 : \mu_X \neq \mu_Y$

有意水準を5%とする。

エクセルシート上のセルA1からA10とB1からB10に，与えられたデータを入力する。「ツールバー」の「ツール」にカーソルを移動し，マウスの左側のボタンを押す。マウスを使用して「分析ツール」を選ぶと「データ分析」の画面が現れる。「データ分析」の画面の矢印を，マウスを使って動かし，「t 検定：一対の標本による平均の検定」を選び，「OK」を押すと次の画面が現れる。

変数1の箱に「A1:A10」，変数2の箱に「B1:B10」，仮説平均との差異の箱に「0」と書き，「OK」を押すと次の結果が得られる。

	A	B	C
1	t-検定: 一対の標本による平均の検定ツール		
2			
3		変数 1	変数 2
4	平均	9.93	10.06
5	分散	25.29122	25.25378
6	観測数	10	10
7	ピアソン相関	0.999383	
8	仮説平均との差異	0	
9	自由度	9	
10	t	-2.32654	←
11	P(T<=t) 片側	0.0225	
12	t 境界値 片側	1.833113	
13	P(T<=t) 両側	0.045001	←
14	t 境界値 両側	2.262157	

上の結果より，p-値は $0.045001(P(T \leq t)$ 両側) である。この意味は
$P(T \leq -2.32654 \text{ or } 2.32654 \leq T) = 0.045001$ である。

検定の規則は

(a) p-値＜有意水準であれば，H_0 を棄却し，H_1 を採択する。

(b) p-値≧有意水準であれば，H_0 を棄却しない。

であり，p-値 $= 0.045001$ ＜有意水準 $= 0.05$ であるから H_0 を棄却し，H_1 を採択する。つまり，有意水準 5 ％で母集団の母平均 μ_X と母平均 μ_Y は異なるといえる。2 つの方法を比較すると，それらの平均値は異なるといえる。

例題

あるフィットネスクラブは，あるコースを1か月継続すると，やせる効果は「元の体重との差が 5kg より大きい」と宣伝している。そのコースに通っている人を無作為に選び，コースを始める前の体重と，1か月後の体重を報告してもらったところ，次のような結果が出ました（人工データ）。

始める前(X)　59.9　55.1　70.8　76.1　64.2　84.0　62.1　69.4　62.7

1か月後(Y)　56.0　54.0　63.9　68.6　56.4　74.2　57.2　65.7　55.2

X, Y をそれぞれ，このコースを始める前と1か月後の体重に対応する確率変数とし，確率変数 $D_i = X_i - Y_i$ が独立で同じ正規分布に従うと仮定します。このとき，宣伝が正しいか適当な仮説を立て検定しなさい。ただし μ_X と μ_Y は，それぞれコースを始める前と1か月後の母集団の平均体重であるとします。

解

$H_0: \mu_X \leq \mu_Y + 5$ または $\mu_X = \mu_Y + 5$

$H_1: \mu_X > \mu_Y + 5$

有意水準を5%とする。

エクセルシート上のセルA1からA9とB1からB9に，与えられたデータを入力する。「ツールバー」の「ツール」にカーソルを移動し，マウスの左側のボタンを押す。マウスを使用して「分析ツール」を選ぶと「データ分析」の画面が現れる。「データ分析」の画面の矢印を，マウスを使って動かし，「t 検定：一対の標本による平均の検定」を選び，「OK」を押すと次の画面が現れる。さらに，変数1の箱に「A1：A9」，変数2の箱に「B1：B9」，仮説平均との差異の箱に「5」とかき，「OK」を押すと次の結果が得られる。

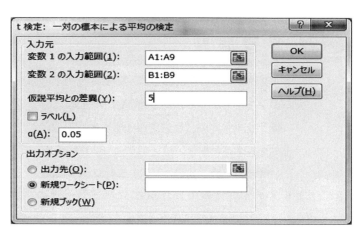

	A	B
1	59.9	56
2	55.1	54
3	70.8	63.9
4	76.1	68.6
5	64.2	56.4
6	84	74.2
7	62.1	57.2
8	69.4	65.7
9	62.7	55.2

	A	B	C
1	t-検定: 一対の標本による平均の検定ツール		
2			
3		変数 1	変数 2
4	平均 →	67.14444	61.24444 ←
5	分散	79.27278	50.65028
6	観測数	9	9
7	ピアソン相関	0.968157	
8	仮説平均との差異	5	
9	自由度	8	
10	t	1.004314 ←	
11	P(T<=t) 片側	0.172317 ←	
12	t 境界値 片側	1.859548	
13	P(T<=t) 両側	0.344634	
14	t 境界値 両側	2.306004	

$\bar{x} - \bar{y} = 67.14444 - 61.24444 = 5.90000$ つまり $\bar{x} - \bar{y} - 5 > 0$ ($\bar{x} > \bar{y} + 5$) で，対立仮説も $\mu_X > \mu_Y + 5$ で，両者の不等式の関係が同じである。したがって p-値は 0.172317 ($P(T \leq t)$ 片側，エクセルの表示は片側という意味で，表示された不等号の向きは無視する) である。この意味は $P(T \geq t) = P(T \geq 1.004314) = 0.172317$ である。

検定の規則は

(a) p-値＜有意水準であれば，H_0 を棄却し，H_1 を採択する。

(b) p-値≧有意水準であれば，H_0 を棄却しない。

であり，p-値 $= 0.172317 >$ 有意水準 $= 0.05$ であるから H_0 を棄却しない。したがって，有意水準 5% で $\mu_X \leq \mu_Y + 5$ といっても誤りではない。つまり宣伝が正しいといえるほどの証拠はない。

[注意]

$\bar{x} - \bar{y} = 67.14444 - 61.24444 = 5.90000$，つまり $\bar{x} - \bar{y} - 5 > 0$ ($\bar{x} > \bar{y} + 5$) で，もし対立仮説が $\mu_X < \mu_Y + 5$ ならば，両者の不等式の関係が逆である。この場合 p-値は $1 - 0.172317 = 0.827683$ ($P(T \leq t)$ 片側) である。この意味は $P(T \leq t) = P(T \leq 1.004314) = 1 - 0.172317 = 0.827683$ である。有意水準 5% で $\mu_X < \mu_Y + 5$ といえるほどの証拠はない。

6-3 演習問題

1. ホルスタイン種の牛 6 頭とジャージー種の牛 6 頭を無作為に選んで，体重を量ったところ，次のような結果が得られました (人工データ)。

番号	1	2	3	4	5	6
ホルスタイン種 (kg)	615	620	613	641	645	603
ジャージー種 (kg)	330	322	336	370	387	320

ホルスタイン種の牛の体重とジャージー種の牛の体重は，独立で近似的に正規分布 $N(\mu_1, \sigma_1^2)$ と $N(\mu_2, \sigma_2^2)$ に従うと仮定します。ここで σ_1^2, σ_2^2 は未知であるとします。

(1) $\sigma_1^2 = \sigma_2^2$ と仮定するとき，$\mu_1 - \mu_2$ の，95% 信頼区間を求めなさい。

(2) $\sigma_1^2 = \sigma_2^2$ と仮定するとき，$\mu_1 = \mu_2 + 310$ であるか，適当な仮説を立て，有意水準 5% で検定しなさい。

(3) $\sigma_1^2 = \sigma_2^2$ と仮定するとき，$\mu_1 = \mu_2 + 250$ であるか，適当な仮説を立て，有意水準 1% で検定しなさい。

(4) $\sigma_1^2 \neq \sigma_2^2$ と仮定するとき，$\mu_1 - \mu_2$ の，95% 信頼区間を求めなさい。

(5) $\sigma_1^2 \neq \sigma_2^2$ と仮定するとき，$\mu_1 = \mu_2 + 250$ であるか，適当な仮説を立て，有意水準 1% で検定しなさい。

2. あやめのバージカラー種とあやめのバージニカ種の各 8 本を無作為に選んで，がくの幅を測定したところ，次のような結果が得られました (人工データ)。

番号	1	2	3	4	5	6	7	8
バージカラー(cm)	6.6	7.6	6.1	6.7	8.4	8.2	6.9	5.7
バージニカ (cm)	9.3	7.4	7.1	8.6	8.5	9.5	7.4	7.4

バージカラー種のがくの幅とバージニカ種のがくの幅は，独立で近似的に正規分布 $N(\mu_1, \sigma_1^2)$ と $N(\mu_2, \sigma_2^2)$ に従うと仮定します。ここで σ_1^2, σ_2^2 は未知であるとします。

(1) $\sigma_1^2 = \sigma_2^2$ と仮定するとき，$\mu_1 - \mu_2$ の，95%信頼区間を求めなさい。
(2) $\sigma_1^2 = \sigma_2^2$ と仮定するとき，$\mu_1 = \mu_2$ であるか，適当な仮説を立て，有意水準5%で検定しなさい。
(3) $\sigma_1^2 = \sigma_2^2$ と仮定するとき，$\mu_1 < \mu_2$ であるか，適当な仮説を立て，有意水準5%で検定しなさい。
(4) $\sigma_1^2 \neq \sigma_2^2$ と仮定するとき，$\mu_1 - \mu_2$ の，95%信頼区間を求めなさい。
(5) $\sigma_1^2 \neq \sigma_2^2$ と仮定するとき，$\mu_1 = \mu_2$ であるか，適当な仮説を立て，有意水準5%で検定しなさい。
(6) $\sigma_1^2 \neq \sigma_2^2$ と仮定するとき，$\mu_1 < \mu_2$ であるか，適当な仮説を立て，有意水準5%で検定しなさい。

3． あやめのセトサ種9本を無作為に選んで，がくの長さとその幅を測定したところ，次のような結果が得られました(人工データ)。

番号	1	2	3	4	5	6	7	8	9
がくの長さ(cm)	21.0	23.8	20.3	23.7	21.9	22.9	23.5	24.7	20.9
がくの幅(cm)	8.3	9.4	7.6	9.5	8.5	9.4	9.3	10.0	8.4

あやめのセトサ種の母集団において，平均のがくの長さと平均のがくの幅を μ_1, μ_2 とし，がくの長さからがくの幅を引いた値を確率変数とすると，この確率変数は近似的に未知の分散 σ^2 をもつ正規分布 $N(\mu_1 - \mu_2, \sigma^2)$ に従うと仮定します。

(a) $\mu_1 = \mu_2 + 13$ であるか，適当な仮説を立て，有意水準5%で検定しなさい。
(b) $\mu_1 < \mu_2 + 15$ であるか，適当な仮説を立て，有意水準5%で検定しなさい。

4． 結婚しているカップル7組を無作為に選んで，夫の身長と妻の身長を測定したところ，次のような結果が得られました(人工データ)。

番号	1	2	3	4	5	6	7
夫の身長(cm)	167	170	178	174	165	176	159
妻の身長(cm)	157	148	160	162	153	155	145

結婚しているカップルの母集団の夫の平均身長と妻の平均身長を μ_1, μ_2 とし，夫の身長から妻の身長を引いた値を確率変数とすると，この確率変数は近似的に未知の分散 σ^2 をもつ正規分布 $N(\mu_1 - \mu_2, \sigma^2)$ に従うと仮定します。

(a) $\mu_1 = \mu_2 + 20$ であるか，適当な仮説を立て，有意水準5%で検定しなさい。
(b) $\mu_1 > \mu_2 + 15$ であるか，適当な仮説を立て，有意水準5%で検定しなさい。

7　2つの母集団における等分散性の検定

ある母集団に属する確率変数 X が正規分布 $N(\mu_1, \sigma_1^2)$ に従い，もう一つの母集団に属する確率変数 Y が正規分布 $N(\mu_2, \sigma_2^2)$ に従う。X と Y が独立で，確率変数 X の母集団より大きさ m の標本を採り，得られた標本平均を $\overline{X}$，不偏分散を S_1^2 とする。確率変数 Y の母集団より大きさ n の標本を採り，得られた標本平均を $\overline{Y}$，不偏分散を S_2^2 とする。

$\dfrac{S_1^2}{S_2^2} \dfrac{\sigma_2^2}{\sigma_1^2}$ は $F_{m-1, n-1}$ 分布に従う。σ_1^2 と σ_2^2 がどのような値であっても，$\sigma_1^2 = \sigma_2^2$ と仮定すると，$\dfrac{S_1^2}{S_2^2}$ は $F_{m-1, n-1}$ 分布に従うことから，$\sigma_1^2 = \sigma_2^2$ の検定ができる。$\sigma_2^2 = k\sigma_1^2$ で $(k \neq 1)$ のときは，本来 $\dfrac{S_1^2}{S_2^2} \dfrac{\sigma_2^2}{\sigma_1^2} = k \dfrac{S_1^2}{S_2^2}$ が $F_{m-1, n-1}$ 分布に従うのであるから，統計量 $\dfrac{S_1^2}{S_2^2}$ は，k の値によって，$F_{m-1, n-1}$ 分布に比べ小さくなったり，あるいは大きくなったりする。

7-1　両側検定

$H_0 : \sigma_1^2 = \sigma_2^2$

$H_1 : \sigma_1^2 \neq \sigma_2^2$

有意水準を α とする。

エクセルでは，仮説 $H_0 : \sigma_1^2 = \sigma_2^2$ のもとで，分散比 $= \dfrac{s_1^2}{s_2^2} > 1$ のとき片側の p-値 $\left\{$上側確率 $P\left(F_{m-1, n-1} > \dfrac{s_1^2}{s_2^2}\right)\right\}$ を出力し，分散比 $= \dfrac{s_1^2}{s_2^2} \leq 1$ のとき片側の p-値 $\left\{$下側確率 $P\left(F_{m-1, n-1} \leq \dfrac{s_1^2}{s_2^2}\right)\right\}$ を出力しているが，表示はともに $P(F =< f)$ となっている。

F 分布の自由度 $m-1$ と $n-1$ が等しい場合，中央値は1である。つまり $P(F_{m-1, n-1} > 1) = 0.5$ となるので，エクセルの片側の p-値は常に0.5以下となる。しかし，F 分布の2つの自由度が異なる場合，中央値が1でないので，エクセルの片側の p-値は0.5より大きくなる場合が出てくる。したがって両側検定における p-値は $2 \times \min(p_{excel}, 1 - p_{excel})$ となる。ここで p_{excel} はエクセルの片側の p-値である。

検定の規則は，次のようである。

(a) p-値 $< \alpha$ であれば，帰無仮説を棄却し，対立仮説を採択する。

(b) p-値 $\geq \alpha$ であれば，帰無仮説を棄却しない。

例題

あやめのバージカラー(versicolor)10本とあやめのバージニカ(verginica)12本を無作為に選択し，そのがくの長さ(cm)を測ったところ次のような結果が得られました(人工データ)。

バージカラー　15.5　15.7　16.9　13.8　14.8　14.5　15.9　13.0　12.5　16.2

バージニカ　18.6　15.8　14.1　18.5　17.2　15.7　17.0　16.7　15.9　19.8　16.3　13.4

あやめ・バージカラーとあやめ・バージニカのがくの長さは，それぞれ母平均 μ_1, μ_2, 母分散 σ_1^2, σ_2^2 の独立な正規分布に従うとする。2つの母分散が等しいか有意水準5％で検定しなさい。

解

エクセルシート上のセルA2からA11とB2からB13に，与えられたデータを入力する。「ツールバー」の「ツール」にカーソルを移動し，マウスの左側のボタンを押す。マウスを使用して「分析ツール」を選ぶと「データ分析」の画面が現れる。「データ分析」の画面の矢印を，マウスを使って動かし，「F検定：2標本を使った分散の検定」を選び，「OK」を押すと次の画面が現れる。

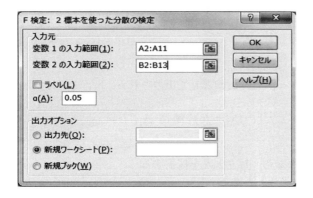

さらに，変数1の箱に「A2：A11」，変数2の箱に「B2：B13」，「OK」を押すと上の結果が得られる。

$$H_0 : \sigma_1^2 = \sigma_2^2$$
$$H_1 : \sigma_1^2 \neq \sigma_2^2$$

有意水準を $\alpha = 0.05$ とする。

上の結果より，$P(F = < f)$片側 $= P\left(F_{m-1, n-1} \leq \frac{s_1^2}{s_2^2}\right) = 0.234065 = p_{excel}$ーー値，したがって

pーー値 $= 2 \times \min(0.234065, 1 - 0.234065) = 2 \times 0.234065 = 0.468130$ となる。

検定の規則は，次のようである。

(a) p-値 $< \alpha$ であれば，帰無仮説を棄却し，対立仮説を採択する。

(b) p-値 $\geq \alpha$ であれば，帰無仮説を棄却しない。

ここで p-値 $= 0.468130 > \alpha = 0.05$ であるから，有意水準5％で帰無仮説を棄却しない。つまり $\sigma_1^2 \neq \sigma_2^2$ であるといえるほどの証拠はない。$\sigma_1^2 = \sigma_2^2$ と考えてもおかしくない。

7-2　片側検定

$$H_0 : \sigma_1^2 = \sigma_2^2$$
$$H_1 : \sigma_1^2 > \sigma_2^2$$

有意水準を α とする。

仮説 $H_0 : \sigma_1^2 = \sigma_2^2$ のもとで，分散比 $= \frac{s_1^2}{s_2^2} > 1$ のとき $P\left(F_{m-1, n-1} > \frac{s_1^2}{s_2^2}\right) = p$-値といい，エクセルでは $P(F>f) = P\left(F_{m-1, n-1} > \frac{s_1^2}{s_2^2}\right) = p$-値と出力されるべきであるが，表示が

$P(F<=f) = P\left(F_{m-1, n-1} \leq \frac{s_1^2}{s_2^2}\right) = p$-値となっている。エクセルの表示は片側という意味で，表示された不等号の向きは無視する。ただし p-値は正しい。

仮説 $H_0 : \sigma_1^2 = \sigma_2^2$ のもとで，分散比 $= \frac{s_1^2}{s_2^2} \leq 1$ のとき $P\left(F_{m-1, n-1} < \frac{s_1^2}{s_2^2}\right) = 1 - p$-値という。

エクセルでは $P(F<=f) = P\left(F_{m-1, n-1} < \frac{s_1^2}{s_2^2}\right) = 1 - p$-値として出力される。

この場合，p-値は1よりエクセルで出力された「$P(F<=f)$片側」を減ずる。

検定の規則は，次のようである。

(a) p-値 $< \alpha$ であれば，帰無仮説を棄却し，対立仮説を採択する。

(b) p-値 $\geq$ であれば，帰無仮説を棄却しない。

> 例題

あやめのバージカラー(versicolor)10本とあやめのバージニカ(verginica)12本のデータを使用する。あやめ・バージカラーとあやめ・バージニカのがくの長さは，それぞれ母平均 μ_1, μ_2, 母分散 σ_1^2, σ_2^2 の独立な正規分布に従うとします。$\sigma_1^2 > \sigma_2^2$ であるか，適当な仮説を立て有意水準5％で検定しなさい。

> 解

前の例題と同様に，以下の結果が得られる。

	A	B
1	バージカラー	バージニカ
2	15.5	18.6
3	15.7	15.8
4	16.9	14.1
5	13.8	18.5
6	14.8	17.2
7	14.5	15.7
8	15.9	17
9	13	16.7
10	12.5	15.9
11	16.2	19.8
12		16.3
13		13.4

	A	B	C
1	F-検定: 2 標本を使った分散の検定		
2			
3		変数 1	変数 2
4	平均	14.88	16.58333
5	分散	2.048444	3.354242
6	観測数	10	12
7	自由度	9	11
8	観測された分散比	0.610703	
9	P(F<=f) 片側	0.234065	←
10	F 境界値 片側	0.322322	

$H_0 : \sigma_1^2 = \sigma_2^2$

$H_1 : \sigma_1^2 > \sigma_2^2$

有意水準を α とする。

分散比 $= \dfrac{s_1^2}{s_2^2} \leqq 1$ であるから

$H_1 : \sigma_1^2 > \sigma_2^2$ と $s_1^2 < s_2^2$ の不等号の向きが反対である。

$P(F = <f)$ 片側 $= P\left(F_{m-1, n-1} \leqq \dfrac{s_1^2}{s_2^2}\right) = 1 - p\text{-値} = 0.234065$ となり，

p-値 $= 1 - 0.234065 = 0.765935$ となる。

検定の規則は，次のようである。

(a) p-値 $< \alpha$ であれば，帰無仮説を棄却し，対立仮説を採択する。

(b) p-値 $\geqq \alpha$ であれば，帰無仮説を棄却しない。

したがって p-値 $= 0.765935 > \alpha = 0.05$ より，有意水準5％で帰無仮説を棄却しない。つまり $\sigma_1^2 > \sigma_2^2$ であるといえるほどの証拠はない。

> 例題

あやめのバージカラー(versicolor)10本とあやめのバージニカ(verginica)12本のデータを使用する。あやめ・バージカラーとあやめ・バージニカのがくの長さは，それぞれ母平均 μ_1, μ_2, 母分散 σ_1^2, σ_2^2 の独立な正規分布に従うとします。$\sigma_1^2 < \sigma_2^2$ であるか，適当な仮説を立て有意水準5％で検定しなさい。

解

前の例題と同様に，以下の結果が得られる。

	A	B
1	バージカラー	バージニカ
2	15.5	18.6
3	15.7	15.8
4	16.9	14.1
5	13.8	18.5
6	14.8	17.2
7	14.5	15.7
8	15.9	17
9	13	16.7
10	12.5	15.9
11	16.2	19.8
12		16.3
13		13.4

	A	B	C
1	F-検定: 2 標本を使った分散の検定		
2			
3		変数 1	変数 2
4	平均	14.88	16.58333
5	分散	2.048444	3.354242
6	観測数	10	12
7	自由度	9	11
8	観測された分散比	0.610703	
9	P(F<=f) 片側	0.234065	←
10	F 境界値 片側	0.322322	

$H_0 : \sigma_1^2 = \sigma_2^2$

$H_1 : \sigma_1^2 < \sigma_2^2$

有意水準を α とする。

分散比 $= \dfrac{s_1^2}{s_2^2} = 0.610703 < 1$ であるから，$H_1 : \sigma_1^2 < \sigma_2^2$ と $s_1^2 < s_2^2$ の不等号の向きが同じであり $P\left(F_{n-1,\,m-1} < \dfrac{s_1^2}{s_2^2}\right) = p\text{-値}$ となる。

エクセルの計算結果より，$p\text{-値} = 0.234065$ である。

検定の規則は，次のようである。

(a) $p\text{-値} < \alpha$ であれば，帰無仮説を棄却し，対立仮説を採択する。

(b) $p\text{-値} \geqq \alpha$ であれば，帰無仮説を棄却しない。

したがって $p\text{-値} = 0.234065 > \alpha = 0.05$ より，有意水準 5％で帰無仮説を棄却しない。つまり $\sigma_1^2 < \sigma_2^2$ であるといえるほどの証拠はない。

7-3 演習問題

1. ホルスタイン種の牛6頭とジャージー種の牛6頭を無作為に選んで，体重を量ったところ，次のような結果が得られました（人工データ）。

番号	1	2	3	4	5	6
ホルスタイン種(kg)	615	620	613	641	645	603
ジャージー種 (kg)	330	322	336	370	387	320

ホルスタイン種の牛の体重とジャージー種の牛の体重は，独立な正規分布 $N(\mu_1, \sigma_1^2)$，$N(\mu_2, \sigma_2^2)$ に従うと仮定する。ここで σ_1^2, σ_2^2 は未知であるとします。

(1) $\sigma_1^2 = \sigma_2^2$ であるか，適当な仮説を立て，有意水準5％で検定しなさい。

(2) $\sigma_1^2 < \sigma_2^2$ であるか，適当な仮説を立て，有意水準1％で検定しなさい。

2. あやめのバージカラー種とあやめのバージニカ種の各8本を無作為に選んで，がくの幅を測定したところ，次のような結果が得られました（人工データ）。

番号	1	2	3	4	5	6	7	8
バージカラー(cm)	6.6	7.6	6.1	6.7	8.4	8.2	6.9	5.7
バージニカ(cm)	9.3	7.4	7.1	8.6	8.5	9.5	7.4	7.4

バージカラー種のがくの幅とバージニカ種のがくの幅は，独立な正規分布 $N(\mu_1, \sigma_1^2)$，$N(\mu_2, \sigma_2^2)$ に従うと仮定する。ここで σ_1^2, σ_2^2 は未知であるとします。

(1) $\sigma_1^2 = \sigma_2^2$ であるか，適当な仮説を立て，有意水準5％で検定しなさい。

(2) $\sigma_1^2 < \sigma_2^2$ であるか，適当な仮説を立て，有意水準1％で検定しなさい。

8 回帰直線

8-1　回帰直線の推定

次の図は家の大きさ(Y軸, feet^2)と年収(X軸, ドル)の散布図である。

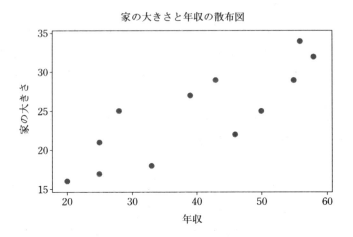

多分, 家の大きさは, 年収が増えることにより大きくなるであろう。また, 家族が多ければ家の大きさは大きくなるであろう。しかし, ある程度年収が高くなると, それ以上大きな家をもつとは思えない。したがって, 年収と家の大きさが正確に比例するとは思えないが, 年収があがれば, 一般的に大きな家に住む傾向があるだろう。このように, 年収と家の大きさには, ある種の関係があると思える。ここでは, この関係を求めることを考える。

いま, 2変量のデータ(x_1, y_1), (x_2, y_2), …, (x_n, y_n)に対し, Xの値とYの値が直線関係$Y = \beta_0 + \beta_1 x + \varepsilon$をもっているとき, 直線とそれぞれの点の2乗誤差が最小になるように, その直線を推定する方法を導入する。それぞれの点と推定すべき直線の2乗誤差が最小になるように求める方法を**最小2乗法**という。Yは$Y = \beta_0 + \beta_1 x + \varepsilon$とし, εは直線からの誤差で, Xからのみでは説明できない要素とする。このとき, 上のデータよりβ_0, β_1の推定値をそれぞれa, bとすると, a, bは以下のように求められる。

$$b = \frac{\frac{1}{n-1}\sum_{i=1}^{n}(x_i-\bar{x})(y_i-\bar{y})}{\frac{1}{n-1}\sum_{i=1}^{n}(x_i-\bar{x})^2} = \frac{\frac{1}{n-1}\left(\sum_{i=1}^{n}x_iy_i - n\bar{x}\bar{y}\right)}{\frac{1}{n-1}\left(\sum_{i=1}^{n}x_i^2 - n\bar{x}^2\right)} = \frac{s_{xy}}{s_x^2}$$

$$a = \bar{y} - b\bar{x}$$

ここでs_{xy}, ならびにs_x^2は, 共分散, Xの不偏分散といい, 次のように与えられる。

$$s_{xy} = \frac{1}{n-1}\sum_{i=1}^{n}(x_i-\overline{x})(y_i-\overline{y}) = \frac{1}{n-1}\left(\sum_{i=1}^{n}x_iy_i - n\overline{xy}\right)$$

$$s_x^2 = \frac{1}{n-1}\sum_{i=1}^{n}(x_i-\overline{x})^2 = \frac{1}{n-1}\left(\sum_{i=1}^{n}x_i^2 - n\overline{x}^2\right)$$

このようにして，データより得られる直線 $y = a + bx$ を，推定された回帰直線という。

例題

アメリカのある地域において，無作為に10家庭を選び，それぞれの家庭の年収（$X \times 1000$ ドル）と家の大きさ（$Y \times 100\,feet^2$）を調べたところ，以下のような結果が得られました（人工データ）。

No	X	Y	XY	X^2
	年収	家の大きさ		
1	25	17	425	625
2	33	18	594	1089
3	58	32	1856	3364
4	46	22	1012	2116
5	55	29	1595	3025
6	25	21	525	625
7	43	29	1247	1849
8	39	27	1053	1521
9	50	25	1250	2500
10	56	34	1904	3136
11	20	16	320	400
12	28	25	700	784
Total	478	295	12481	21034

$Y = \beta_0 + \beta_1 x + \varepsilon$ とするとき，回帰直線 $y = \beta_0 + \beta_1 x$ を推定しなさい。

解

$$n = 12, \sum_{i=1}^{12}x_i = 478, \sum_{i=1}^{12}y_i = 295, \sum_{i=1}^{12}x_iy_i = 12481, \sum_{i=1}^{12}x_i^2 = 21034$$

となる。

これらより X と Y の平均値は

$$\overline{x} = \frac{478}{12} = 39.83333, \quad \overline{y} = \frac{295}{12} = 24.58333$$

で与えられ，求める回帰直線の係数 a, b は以下のように与えられる。

$$b = \frac{\frac{1}{n-1}\left(\sum_{i=1}^{n}x_iy_i - n\overline{xy}\right)}{\frac{1}{n-1}\left(\sum_{i=1}^{n}x_i^2 - n\overline{x}^2\right)} = \frac{\frac{1}{12-1}(12481 - 12 \times 39.83333 \times 24.58333)}{\frac{1}{12-1}(21034 - 12 \times 39.83333^2)} = 0.366243$$

$$a = \overline{y} - b\overline{x} = 24.5833 - 0.366243 \times 39.83333 = 9.9946$$

8　回帰直線

したがって，推定された回帰直線は

$$y = 9.9946 + 0.36624x$$

となる。推定された回帰直線と，もとのデータの関係を次のグラフで見る。

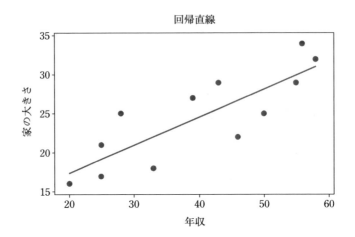

データが以下のように入力されているとき，エクセルを使用してこの計算すると，以下のようになる。「ツール」から「分析ツール」を選ぶと，次の「データ分析」が現れる。

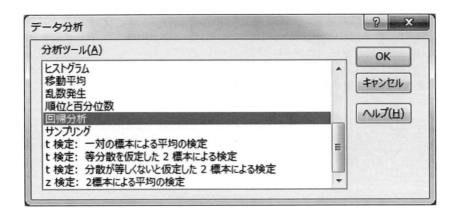

「データ分析」より「回帰分析」を選ぶと，「回帰分析」の入力画面が現れる。

「B2：B13」(家の大きさ)を入力 Y 範囲に入力し，「A2：A13」(年収)を入力 X 範囲に入力し，「OK」を選ぶと，次の結果が得られる。

	A	B	C	D	E	F	G	H	I
1	概要								
2									
3	回帰統計								
4	重相関 R	0.835687							
5	重決定 R2	0.698373							
6	補正 R2	0.66821							
7	標準誤差	3.398502							
8	観測数	12							
9									
10	分散分析表								
11		自由度	変動	分散	観測された分散比	有意 F			
12	回帰	1	267.4185	267.4185	23.15349	0.000711			
13	残差	10	115.4982	11.54982					
14	合計	11	382.9167						
15									
16		係数	標準誤差	t	P-値	下限 95%	上限 95%	下限 95.0%	上限 95.0%
17	切片	9.99465	3.18663	3.136433	0.010574	2.894397	17.0949	2.894397	17.0949
18	X 値 1	0.366243	0.076113	4.811807	0.000711	0.196652	0.535834	0.196652	0.535834

ここで得られた「切片」と「X 値 1」より，推定された回帰式は

$$y = 9.995 + 0.366x$$

となる。

8-2 回帰直線の統計的検定

X の値と Y の値が，ある関係 $Y = \beta_0 + \beta_1 x + \varepsilon$ をもっており，ε が母平均 0 で未知の母分散 σ^2 をもつ，独立な正規分布に従うとする。

$$\varepsilon \sim N(0, \sigma^2)$$

もし，これらの仮定が正しいとすると，b の確率変数 $\hat{b}$ は母平均 β_1 の正規分布に従う。

$$\hat{b} \sim N\left(\beta_1, \frac{\sigma^2}{\sum_{i=1}^{n}(x_i-\overline{x})^2}\right)$$

いま SSE, SSR, SST を誤差平方和, 回帰直線による平方和, 全平方和とすると, それらは

$$SSE=\sum_{i=1}^{n}(y_i-a-bx_i)^2, \quad SSR=\sum_{i=1}^{n}(a+bx_i-\overline{y})^2, \quad SST=\sum_{i=1}^{n}(y_i-\overline{y})^2$$

で与えられ

$$SST = SSR + SSE$$

なる関係がある。SST はデータの全変動, SSE は残差2乗和(回帰式によって説明されなかった変動)で

$$\frac{SSE}{SST}$$

は, 回帰式によって説明されなかった変動を全変動で割っているので, この値は, 回帰式によって説明されなかった割合となる。

$$R^2 = 1 - \frac{SSE}{SST} = \frac{SSR}{SST}$$

とおくと, R^2 は1から回帰式によって説明されなかった割合をひいているので, R^2 は回帰式によって説明された割合といえる。R^2 は常に0と1の間にあり, 寄与率とよばれる。

$$0 \leq R^2 \leq 1$$

データ数が少ないと, R^2 の値は必要以上に大きくなる。例えば, 測定誤差が含まれている2点より直線を求めれば, 誤差は常に0となり, 寄与率, R^2, は1になる。この様にデータ数が少ないと, R^2 の値は必要以上に大きくなるので, その値を補正する必要がある。その補正された寄与率を

$$R_{adj}^2 = 1 - \frac{\frac{SSE}{n-2}}{\frac{SST}{n-1}}$$

とする。補正された寄与率 R_{adj}^2 は, やはり回帰直線によって, 与えられたデータがどの程度説明できるかという値を示している。また, 誤差の母分散 σ^2 は未知であるので, 母分散 σ^2 の推定値を $\hat{\sigma}^2$ とおくと

$$\hat{\sigma}^2 = \frac{SSE}{n-2}$$

で推定される。これを誤差の分散の推定値といいい, 回帰式を中心として, データがどの程度散らばりがあるかを示している。

回帰式 $Y = \beta_0 + \beta_1 x + \varepsilon$ が正しいとき, ある標本から推定された β_1 の値は, 推定値 b であるが, 多くの標本から同様に β_1 の推定された値(推定値 b)が得られ, b の値はある分布になる。その分布を確率変数 $\hat{b}$ の分布とすると, 以下の確率変数

$$\frac{\hat{b}-\beta_1}{\sqrt{\dfrac{SSE}{(n-2)\sum_{i=1}^{n}(x_i-\overline{x})^2}}} \sim t_{n-2}$$

は t_{n-2} 分布に従う。よって，帰無仮説 $H_0:\beta_1=0$ を次の p-値を用い検定できる。

$$P\left(t_{n-2}>\frac{|b|}{\sqrt{\dfrac{SSE}{(n-2)\sum_{i=1}^{n}(x_i-\overline{x})^2}}}\right)=p\text{-値}$$

帰無仮説 H_0, 対立仮説 H_1 を

$H_0:\beta_1=0$

$H_1:\beta_1\neq 0$

とすると，検定の規則は

(a) p-値 $< \alpha$(有意水準)ならば，H_0 を棄却し，対立仮説 H_1 を採択する。

(b) p-値 $\geq \alpha$(有意水準)ならば，H_0 を棄却しない。

例題

アメリカのある地域における，家庭の年収($X\times 1000$ドル)と家の大きさ($Y\times 100 feet^2$)のデータを使用する。$Y=\beta_0+\beta_1 x+\varepsilon$ とするとき，$\beta_1\neq 0$ であるか，適当な仮説をたて検定しなさい。また推定された回帰式は与えられたデータをどの程度説明しているでしょうか。

解

エクセルを使用すると，以下のように行う。「ツール」から「分析ツール」を選び，「データ分析」が現れる。「データ分析」より「回帰分析」を選ぶ。「回帰分析」の入力画面より，「B2:B13」(家の大きさ)を入力 Y 範囲に入力し，「A2:A13」(年収)を入力 X 範囲に入力し，「OK」を選ぶと，次の結果が得られる。

	A	B	C	D	E	F	G	H	I
1	概要								
2									
3	回帰統計								
4	重相関 R	0.835687							
5	重決定 R2	0.698373							
6	補正 R2	0.66821							
7	標準誤差	3.398502							
8	観測数	12							
9									
10	分散分析表								
11		自由度	変動	分散	観測された分散比	有意 F			
12	回帰	1	267.4185	267.4185	23.15349	0.000711			
13	残差	10	115.4982	11.54982					
14	合計	11	382.9167						
15									
16		係数	標準誤差	t	P-値	下限 95%	上限 95%	下限 95.0%	上限 95.0%
17	切片	9.99465	3.18663	3.136433	0.010574	2.894397	17.0949	2.894397	17.0949
18	X 値 1	0.366243	0.076113	4.811807	0.000711	0.196652	0.535834	0.196652	0.535834

帰無仮説 H_0，対立仮説 H_1 を

$H_0：\beta_1 = 0$

$H_1：\beta_1 \neq 0$

とし，有意水準を $\alpha = 0.05$ とすると，検定の規則は

(a) p-値 $< \alpha$ ならば，H_0 を棄却し，対立仮説 H_1 を採択する。

(b) p-値 $\geq \alpha$ ならば，H_0 を棄却しない。

ここで p-値は 0.000711 であるから p-値 $= 0.000711 < 0.05$ より，有意水準5％で帰無仮説 H_0 を棄却し，対立仮説 H_1 を採択する。つまり，「家の大きさ」は「年収」に依存する。

補正された寄与率 R^2_{adj} は 0.66821 より，「家の大きさ」のデータの変動の67％は，回帰式 $y = 9.99465 + 0.366243x$ によって説明された。「家の大きさ」のデータの変動の33％は，回帰直線によっては説明不可能である。

8-3 演習問題

1. 川底にある特に大きな石は水源地から遠くなるほど，その大きさが小さくなっていくと仮定します。いま水源地からの距離(km)を x とし，その場所の特に大きな石の大きさの平均値(cm)を Y とするとき，Y と x の間には $Y = \beta_0 + \beta_1 x + \varepsilon$ なる関係があると仮定します。また，ε は平均0で未知の分散をもつ独立な正規分布に従うと仮定します。次のデータ（人工データ）より

(1) 回帰直線 $y = a + bx$ を推定しなさい。

(2) $\beta_1 \neq 0$ であるか，適当な仮説をたて有意水準5％で検定しなさい。

(3) 推定された回帰式は，与えられたデータをどの程度説明していますか。

水源地からの距離(km)	1	2	3	4	5	6	7	8	9	10	11
特に大きな石の大きさの平均値(cm)	86	69	55	78	46	74	68	51	31	24	42

2. いまソーナーの値(m)から，海水の深度を測定するとき，深さのわかっている地点でソーナーを使用したところ，次のような値が得られました（人工データ）。

ソーナーの値(m)	0.43	0.88	1.72	2.31	3.22	3.95	5.31
真の深さ(m)	0.5	1.0	1.5	2.0	3.0	4.0	5.0

ソーナーの値を x とし，その地点における真の深さを Y とするとき，Y と x の間には $Y = \beta_0 + \beta_1 x + \varepsilon$ なる関係があると仮定します。また，ε は平均0で未知の分散をもつ独立な正規分布に従うと仮定します。

(1) 回帰直線 $y = a + bx$ を推定しなさい。

(2) $\beta_1 \neq 0$ であるか，適当な仮説をたて有意水準5％で検定しなさい。

(3) 推定された回帰式は，与えられたデータをどの程度説明していますか。

3. ある地域で，気温と海水浴客の数の関係を調べたところ，次のような値が得られました（人工データ）。

気　温(C)	29	30	32	31	28	33	34	32
海水浴客の数	1380	1490	1400	1520	1410	1420	1540	1480

気温を x とし，その日の海水浴客の数を Y とするとき，Y と x の間には $Y = \beta_0 + \beta_1 x + \varepsilon$ なる関係があると仮定します。また，ε は平均0で未知の分散をもつ独立な正規分布に従うと仮定します。

(1) 回帰直線 $y = a + bx$ を推定しなさい。
(2) $\beta_1 \neq 0$ であるか，適当な仮説をたて有意水準5%で検定しなさい。
(3) 推定された回帰式は，与えられたデータをどの程度説明していますか。

4. 湿度とある物質の水分含有率の関係を調べたところ，次のような値が得られました（人工データ）。

湿　度(%)	45	56	72	63	71	58	75	53
ある物質の水分含有率(%)	12	18	17	20	24	12	27	8

湿度を x とし，ある物質の水分含有率を Y とするとき，Y と x の間には $Y = \beta_0 + \beta_1 x + \varepsilon$ の直線関係があると仮定します。また，ε は平均0で未知の分散をもつ独立な正規分布に従うと仮定します。

(1) 回帰直線 $y = a + bx$ を推定しなさい。
(2) $\beta_1 \neq 0$ であるか，適当な仮説をたて有意水準5%で検定しなさい。
(3) 推定された回帰式は，与えられたデータをどの程度説明していますか。

9 重回帰分析

9-1 重回帰分析のモデル，その推定と検定

確率変数 Y は，m 個の変数，$x_1, x_2, \cdots, x_m$ が与えられたとき，その平均が $\beta_0 + \beta_1 x_1 + \beta_2 x_2 + \cdots + \beta_m x_m$ で与えられ，未知の分散をもつ正規分布に従うとする。ここで，$\beta_0, \beta_1, \beta_2, \cdots, \beta_m$ は未知のパラメータで，回帰係数という。

$$Y = \beta_0 + \beta_1 x_1 + \beta_2 x_2 + \cdots + \beta_m x_m + \varepsilon$$

を重回帰モデルといい，

$$y = \beta_0 + \beta_1 x_1 + \beta_2 x_2 + \cdots + \beta_m x_m$$

を重回帰式，あるいは単に回帰式とよぶ。この重回帰モデルのパラメータを推定し，パラメータについて統計的な検定をすることを重回帰分析という。

ここで，Y は目的変数，y を目的変数の観測値，$x_1, x_2, \cdots, x_m$ を説明変数という。ε は誤差で，$x_1, x_2, \cdots, x_m$ によって説明できない値，ε は独立で，平均 0，未知の分散 σ^2 をもつ正規分布に従うと仮定する。

重回帰分析は，8章で導入した，単回帰分析（回帰直線）を拡張したものである。n 個の観測値 y と n 組の $(x_1, x_2, \cdots, x_m)$ の観測値が以下のように与えられているとき

y_1	x_{11}	x_{21}	$\cdots$	x_{m1}
y_2	x_{12}	x_{22}	$\cdots$	x_{m2}
.	.	.	$\cdots$	.
.	.	.	$\cdots$	.
.	.	.	$\cdots$	.
y_n	x_{1n}	x_{2n}	$\cdots$	x_{mn}

$\sum_{j=1}^{n}(y_j - \beta_0 - \beta_1 x_{1j} - \beta_2 x_{2j} - \cdots - \beta_m x_{mj})^2$ を最小にするように $\beta_0, \beta_1, \cdots, \beta_m$ の値を推定する方法を最小2乗法といい，その推定値 $\hat{\beta}_0, \hat{\beta}_1, \cdots, \hat{\beta}_m$ をパラメータ $\beta_0, \beta_1, \cdots, \beta_m$ の最小2乗法による推定値という。y の j 番目の推定値は

$$\hat{y}_j = \hat{\beta}_0 + \hat{\beta}_1 x_{1j} + \hat{\beta}_2 x_{2j} + \cdots + \hat{\beta}_m x_{mj} = \hat{\beta}_0 + \sum_{i=1}^{m} \hat{\beta}_i x_{ij}$$

で与えられ，y の j 番目の観測値 y_j と，y_j の推定値，$\hat{y}_j$，の差

$$r_j = y_j - \hat{y}_j = y_j - \hat{\beta}_0 - \sum_{i=1}^{m} \hat{\beta}_i x_{ij}$$

を j 番目の残差という。最小2乗法は，この残差の2乗和を最小化することにより，$\hat{\beta}_0, \hat{\beta}_1, \cdots,$ $\hat{\beta}_m$ を推定する方法で，誤差の2乗和

$$\sum_{j=1}^{n}(y_1-\beta_0-\beta_1 x_{1j}-\beta_2 x_{2j}-\cdots-\beta_m x_{mj})^2$$

をパラメータで偏微分し，偏微分した式を0と置くことにより得られるパラメータの値をパラメータの推定値 $\hat{\beta}_0, \hat{\beta}_1, \cdots, \hat{\beta}_m$ と置く。推定値は，次の連立方程式で与えられる。

$$\vec{\beta}=(X^{*T}X^*)^{-1}X^{*T}\vec{y}, \quad \hat{\beta}_0=\overline{y}-\hat{\beta}_1\overline{x}_1-\hat{\beta}_2\overline{x}_2-\cdots-\hat{\beta}_m\overline{x}_m$$

ここで，

$$\vec{\beta}=\begin{pmatrix}\hat{\beta}_1\\\hat{\beta}_2\\.\\.\\.\\\hat{\beta}_m\end{pmatrix}, \quad X^*=\begin{pmatrix}x_{11}-\overline{x}_1 & x_{21}-\overline{x}_2 & \ldots & x_{m1}-\overline{x}_m\\x_{12}-\overline{x}_1 & x_{22}-\overline{x}_2 & \ldots & x_{m2}-\overline{x}_m\\. & . & & .\\. & . & & .\\. & . & & .\\x_{1n}-\overline{x}_1 & x_{2n}-\overline{x}_2 & \ldots & x_{mm}-\overline{x}_m\end{pmatrix} \quad ならびに \quad \vec{y}=\begin{pmatrix}y_1-\overline{y}\\y_2-\overline{y}\\.\\.\\.\\y_n-\overline{y}\end{pmatrix}$$

となる。

ここで $\overline{y}=\dfrac{1}{n}\sum_{j=1}^{m}y_j, \quad \overline{x}_i=\dfrac{1}{n}\sum_{j=1}^{n}x_{ij}$ である。

SS_T は総変動平方和，全平方和，あるいは全変動(the total sum of squares of the observations)とよばれ，SS_R は回帰平方和，回帰により説明される変動平方和，または回帰変動和(the sum of squares due to regression)とよばれ，SS_E は残差平方和(the sum of squares due to error，または the residual sum of squares)とよばれる。SS_T, SS_R, SS_E は

$$SS_T=\sum_{j=1}^{n}(y_j-\overline{y})^2=\vec{y}^T\vec{y},$$

$$SS_R=\sum_{j=1}^{n}(\hat{y}_j-\overline{y})^2=\vec{y}^T X^*(X^{*T}X^*)^{-1}X^{*T}\vec{y}$$

$$SS_E=\sum_{j=1}^{n}(y_j-\hat{y}_j)^2=\vec{y}^T\vec{y}-\vec{y}^T X^*(X^{*T}X^*)^{-1}X^{*T}\vec{y}$$

で与えられる。SS_T, SS_R, SS_E には以下の関係がある。

$$SS_T=SS_R+SS_E$$

全ての観測値 y が与えられると，総変動平方和 SS_T が与えられるので，残差平方和 SS_E が小さくなればなるほど，回帰平方和 SS_R が大きくなる。残差平方和 SS_E が小さくなればなるほど，モデルによって推定される値は観測値 y に近い値となる。モデルと観測値が近ければ近いほど，考えられたモデルは，観測値に適合していると考えられる。

$$R^2 = \frac{SS_R}{SS_T} = 1 - \frac{SS_E}{SS_T}$$

は，決定係数あるいは寄与率(the coefficient of determination)とよばれ

$$0 \leq R^2 \leq 1$$

で，回帰式の適合度を測る指標，あるいは目的変数が回帰式によって説明される割合を示している。R は重相関係数(multiple correlation coefficient)とよばれる。観測値の数が2で，説明変数の数が1とすると，最小2乗法による解は，2点を通る直線となり，誤差が0になる。したがって寄与率 R^2 は1になる。観測値の数が $m+1$，説明変数の数 m で，逆行列 $(X^{*T}X^*)^{-1}$ が存在すると，連立方程式の解は唯一に決定される。したがって，全ての誤差は0になり，寄与率 R^2 も1になる。一般に，説明変数の数が大きくなると，寄与率 R^2 も大きくなりすぎるので，寄与率を，説明変数の数と観測値の数で修正した，補正された決定係数(補正された寄与率，the adjusted coefficient of determination)を用いる。この補正された寄与率は

$$R^2_{adj} = 1 - \frac{(n-1)(1-R^2)}{n-m-1} = 1 - \frac{\frac{SS_E}{n-m-1}}{\frac{SS_T}{n-1}}$$

で定義される。補正された決定係数 R^2_{adj} も，目的変数が回帰式によって説明される割合を示している。寄与率も，補正された寄与率も，それらの値が1に近ければ近いほど，回帰式によって推定される値が観測値に近くなり，それらの値が0に近ければ近いほど，回帰式によって推定される値と観測値が無関係であることを示している。

回帰モデルの誤差が独立かつ平均0で，どのような説明変数 $x_1, x_2, \cdots, x_m$ の組に対しても未知で同じ分散をもつ正規分布に従うと仮定する。回帰による分散 $MS_R = \frac{SS_R}{m}$ と，回帰からの誤差の分散 $MS_E = \frac{SS_E}{n-m-1}$ の比を $F = \frac{MS_R}{MS_E} = F$ 値と書くと，パラメータ $\beta_1, \cdots, \beta_m$ が全て0のとき，F 値は，自由度 m と，$n-m-1$ の F 分布に従うので，F 値が F 分布の上側確率 α の点より大きければ，有意水準 α で，帰無仮説，$\beta_1=0, \cdots, \beta_m=0$，を棄却する。つまり，少なくとも1つの β_i は0でないと判断できる。これを次の分散分析表を使用し検定する。

分散分析表

変動因	自由度	平方和	分　　散	F
回帰による	m	SS_R	$MS_R = \frac{SS_R}{m}$	$\frac{MS_R}{MS_E}$
回帰からの誤差	$n-m-1$	SS_E	$MS_E = \frac{SS_E}{n-m-1}$	
合計	$n-1$	SS_T		

さらに重回帰分析を詳しく勉強されたい読者は，奥野，他(1971)，Searle(1971)，重回帰分析の応用を勉強されたい読者は，Draper and Smith(1981)を参照されたい。

例題

21か国の人口10万人当たりの死亡者数(Y),乳製品の消費量(x_1),砂糖の消費量(x_2),農業人口率(x_3)のデータが以下のようにB2からE22に与えられている(Cooper R. A. and Weekes A. J.(1983), Data, Models and Statistical Analysis, pp.184-185 参照)。

	A	B	C	D	E
1	国	死亡者数	乳製品	砂糖	農業人口率
2	1	263.2	422.7	134.6	6.6
3	2	237.5	447.6	99	11.8
4	3	181.4	292.5	99.5	3.6
5	4	226.5	472.1	127.8	5.7
6	5	297.1	526.7	131	9.1
7	6	240.9	860.6	114.6	12.9
8	7	80.9	332.7	91.7	9.6
9	8	171.5	317	88.1	6.8
10	9	66.5	240.1	44.1	28.4
11	10	263.9	706.9	137.6	23.1
12	11	134	211	71.3	15.9
13	12	36.4	67.1	56.7	11.9
14	13	182.1	477.8	124.7	6.3
15	14	243	529.4	111.2	11.6
16	15	262.9	559.1	117.4	9
17	16	77.2	121.4	61.4	32.5
18	17	46.6	220.3	65.4	20.7
19	18	333.9	501.8	111.4	6.1
20	19	105.3	445.9	116.9	8.5
21	20	293	454.5	124.9	2.7
22	21	326.1	490.4	114	3.6

人口10万人当たりの死亡者数を目的変数,乳製品の消費量,砂糖の消費量,農業人口を説明変数とし,重回帰モデル

$$y = \beta_0 + \beta_1 x_1 + \beta_2 x_2 + \beta_3 x_3 + \varepsilon$$

のパラメータ$\beta_0, \beta_1, \beta_2, \beta_3$を推定し,$\beta_1=\beta_2=\beta_3=0$であるか有意水準5%で検定しなさい。さらに,推定された重回帰式は,観測値の変動を何パーセント説明しているか答えなさい。

解

「メニューバー」の「データ」にカーソルを移動し,マウスの左側のボタンを押し,「データ分析」を選ぶと,左下図のような新しいメニューが出てくる。次に右下図のように,「データ分析」の中央の箱を少し下にずらし,回帰分析を選び「OK」を押す。

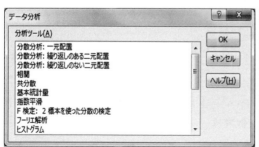 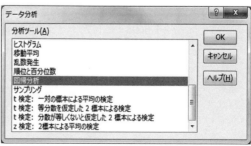

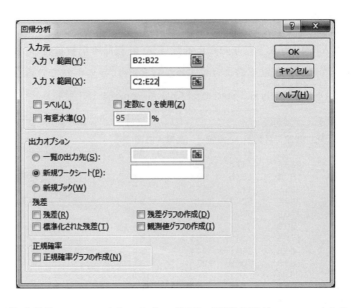

入力Y範囲に目的変数「B22：B22」を，入力X範囲に説明変数「C2：E22」を入力し，「OK」を押すと，以下の結果が得られる。

	A	B	C	D	E	F	G	H	I
1	概要								
2									
3	回帰統計								
4	重相関 R	0.8244							
5	重決定 R2	0.6797							
6	補正 R2	0.6231	←						
7	標準誤差	58.3930							
8	観測数	21							
9									
10	分散分析表								
11		自由度	変動	分散	観測された分散比	有意 F			
12	回帰	3	122986.56	40995.52	12.02	0.0001819	←		
13	残差	17	57965.57	3409.74					
14	合計	20	180952.13						
15									
16		係数	標準誤差	t	P-値	下限 95%	上限 95%	下限 95.0%	上限 95.0%
17	切片	1.6693	86.1675	0.0194	0.9848	-180.1283	183.4668	-180.1283	183.4668
18	X 値 1	0.1776	0.1215	1.4624	0.1619	-0.0786	0.4339	-0.0786	0.4339
19	X 値 2	1.4060	0.9753	1.4416	0.1676	-0.6517	3.4637	-0.6517	3.4637
20	X 値 3	-2.1241	2.1371	-0.9939	0.3342	-6.6330	2.3847	-6.6330	2.3847

上の計算結果より，補正された寄与率は $R^2_{adj}=0.6231$ であるから，観測された死亡者数(10万人あたり)のデータの変動の62.31％は，重回帰式によって説明される。推定された回帰式は，小数点以下5桁目を四捨五入して小数点以下4桁でかくと

$$y = 1.6693 + 0.1776\,x_1 + 1.4060\,x_2 - 2.1241\,x_3$$

となる。分散分析表の有意 F (p-値) は0.0001819である。これは重回帰分析のモデルを

$$Y = \beta_0 + \beta_1 x_1 + \beta_2 x_2 + \beta_3 x_3 + \varepsilon$$

とするとき，母集団のパラメータ $\beta_1, \cdots, \beta_3$ が全て0であるか，少なくとも $\beta_1, \cdots, \beta_3$ の一つは0でないかを検定する。帰無仮説と対立仮説は

H_0：全ての$\beta_i = 0$，つまり$\beta_1 = \beta_2 = \beta_3 = 0$

H_1：少なくとも1つの$\beta_i \neq 0$

有意水準を$\alpha = 0.05$とすると，検定の規則は

(a) p-値$< \alpha$ならば，H_0を棄却し，対立仮説H_1を採択する。

(b) p-値$\geq \alpha$ならば，帰無仮説H_0を棄却しない。

ここでp-値は0.0001819で，0.05より小さいので，有意水準5％で帰無仮説H_0を棄却し，対立仮説H_1を採択する。つまり，「人口10万人当たりの死亡者数」は乳製品の消費量，砂糖の消費量，農業人口率の少なくとも一つの説明変数に依存する。

それでは，どの説明変数が必要かについては，係数に対応するp-値をみる。例えば，乳製品の消費量(x_1)の回帰係数に対するp-値は0.1619である。検定を使用すると以下のようになる。

H_0：x_2，x_3が重回帰式に含まれるとき，$\beta_1 = 0$

H_1：$\beta_1 \neq 0$

有意水準を$\alpha = 0.05$とすると，検定の規則は

(a) p-値$< \alpha$ならば，H_0を棄却し，対立仮説H_1を採択する。

(b) p-値$\geq \alpha$ならば，帰無仮説H_0を棄却しない。

ここでp-値は0.1619で，0.05より大きいので，有意水準5％で帰無仮説H_0を棄却しない。有意水準5％でx_2，およびx_3が回帰式に含まれていれば，$\beta_1 = 0$という仮説を棄却できない。

したがって，β_1は0である可能性がある。つまり，「人口10万人当たりの死亡者数」は，砂糖の消費量と，農業人口率が回帰式に含まれていれば，乳製品の消費量に依存しないと考えてよい。

ここで，帰無仮説が棄却できなかったとしても，すぐに重回帰式に不必要であるという意味にはならない。例えば，砂糖の消費量(x_2)の回帰係数β_2に対するp-値は0.1676であり，この値は0.05より大きいので，x_1とx_3が重回帰式に含まれるとき，$\beta_2 = 0$という仮説を棄却できない。つまり，x_1とx_3が重回帰式に含まれるとき，砂糖の消費量は重回帰式に不必要と考えてよい。同様に，乳製品の消費量と砂糖の消費量が，重回帰式含まれるとき，農業人口率(x_3)の回帰係数β_3に対するp-値は0.3342で，この値も0.05より大きいので，x_1とx_2が重回帰式に含まれるとき，乳製品の消費量と砂糖の消費量が重回帰式に含まれるとき，農業人口率は重回帰式に不必要と考えてよい。一方，補正された寄与率は$R^2_{adj} = 0.6231$より，死亡者数のデータの約62％の変動を重回帰式によって説明できるので，いくつかの説明変数は，死亡者数のデータの説明に必要と思われる。どの説明変数が必要かについては，変数選択を行う。

9-2　説明変数の選択法

　エクセルには，変数選択法はついていないので，エクセルを使用してできる簡単な繰り返し変数選択法を説明する．考え方は，説明変数の組($x_1, x_2, \cdots, x_k$)を使用して得られるエクセルの重回帰分析の結果から寄与率を求め，その寄与率をR_1^2とする．その説明変数のなかからh個の説明変数を削除した説明変数の組を使用し重回帰分析を行い，寄与率R_2^2を求める．h個の説明変数を削除したことにより，寄与率がどの程度小さくなるかによって，h個の説明変数の寄与度を検定する方法で，F検定(Kvanli et. al., (2003), Introduction to Business Statistics, p708参照)を行う．

$$F = \frac{(R_1^2 - R_2^2)/h}{(1-R_1^2)/(n-k-1)}$$

この方法は，$h=1$のとき，特別な計算をせずに，エクセルの結果をみていくだけで求めることができるので，その方法(変数減少法)を紹介する．
　変数減少法の計算の手順は，以下のとおりである．
(1)　変数選択のための，有意水準αを決める．統計ソフトMINITABでは少し大きめに，αを0.15としているが，使用者がこの値αを変更できるようになっている．
(2)　全ての説明変数$x_1, x_2, \cdots, x_m$を使用して得られるエクセルの重回帰分析を計算する．
(3)　重回帰分析の結果から，回帰係数に対するp-値の最大値がαより小さければ，計算を終了する．回帰係数に対するp-値の最大値がα以上であれば，この回帰係数に対応する説明変数を$x_i (1 \leq i \leq m)$とし，(4)にいく．
(4)　説明変数を$x_i (1 \leq i \leq k)$を，説明変数のグループから削除し，残った説明変数を使用し，重回帰分析を行う．
(5)　(3)から(4)を繰り返し，説明変数の数を徐々に削除し，これ以上削除できなくなるまで(2)から(4)を繰り返す．

例題

　人口10万人当たりの死亡者数(Y)，乳製品の消費量(x_1)，砂糖の消費量(x_2)，農業人口率(x_3)の23か国のデータについて，人口10万人当たりの死亡者数を目的変数，乳製品の消費量，砂糖の消費量，農業人口を説明変数とし，重回帰分析を行い，変数減少法を用い，適切な重回帰式を推定しなさい．

解

	A	B	C	D	E	F	G	H	I
1	概要								
2									
3	回帰統計								
4	重相関 R	0.8244							
5	重決定 R2	0.6797							
6	補正 R2	0.6231							
7	標準誤差	58.3930							
8	観測数	21							
9									
10	分散分析表								
11		自由度	変動	分散	観測された分散比	有意 F			
12	回帰	3	122986.56	40995.52	12.02	0.0001819			
13	残差	17	57965.57	3409.74					
14	合計	20	180952.13						
15									
16		係数	標準誤差	t	P-値	下限 95%	上限 95%	下限 95.0%	上限 95.0%
17	切片	1.6693	86.1675	0.0194	0.9848	−180.1283	183.4668	−180.1283	183.4668
18	X 値 1	0.1776	0.1215	1.4624	0.1619	−0.0786	0.4339	−0.0786	0.4339
19	X 値 2	1.4060	0.9753	1.4416	0.1676	−0.6517	3.4637	−0.6517	3.4637
20	X 値 3	−2.1241	2.1371	−0.9939	→0.3342	−6.6330	2.3847	−6.6330	2.3847

前例題よりエクセルのシート2に上の結果が記されており，推定された回帰式は（小数点以下5桁目を四捨五入して小数点以下4桁でかく）

$$y = 1.6693 + 0.1776\,x_1 + 1.4060\,x_2 - 2.1241\,x_3$$

変数選択の回帰係数の p-値の有意水準を5%とする。エクセルの計算結果の回帰係数に対する p-値のなかで最大値である変数は，農業人口率（x_3）に対する p-値で，その値は0.3342で，0.05より大きい。したがって，この農業人口率を除いた他の説明変数（乳製品の消費量（x_1），砂糖の消費量（x_2））を用いて，重回帰分析を行う。

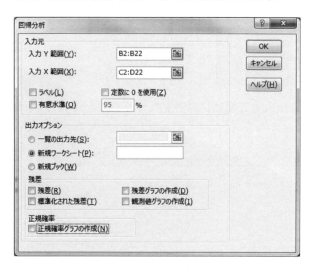

入力 Y 範囲に目的変数「B2：B22」を，入力 X 範囲に説明変数「C2：D22」を入力し，「OK」を押すと，以下の結果がシート3に得られる。（もし，説明変数が「C2：D22」のようにまとめて表せない場合は，必要な説明変数を他の列，例えば，F列以降にコピーして貼りつけてから，説明変数として使用する）。

	A	B	C	D	E	F	G	H	I
1	概要								
2									
3		回帰統計							
4	重相関 R	0.8130							
5	重決定 R2	0.6610							
6	補正 R2	0.6234							
7	標準誤差	58.3734							
8	観測数	21							
9									
10	分散分析表								
11		自由度	変動	分散	観測された分散比	有意 F			
12	回帰	2	119617.95	59808.98	17.55	5.905E-05			
13	残差	18	61334.18	3407.45					
14	合計	20	180952.13						
15									
16		係数	標準誤差	t	P-値	下限 95%	上限 95%	下限 95.0%	上限 95.0%
17	切片	-66.8225	51.7169	-1.2921	0.2127	-175.4757	41.8308	-175.4757	41.8308
18	X 値 1	0.1350	0.1136	1.1884	0.2501	-0.1037	0.3737	-0.1037	0.3737
19	X 値 2	2.0058	0.7659	2.6188	0.0174	0.3966	3.6149	0.3966	3.6149

エクセルの計算結果の回帰係数に対する p-値のなかで最大値を与える変数は，乳製品の消費量 (x_1) で，その p-値は 0.2501 である。この値は 0.05 より大きいので，乳製品の消費量を説明変数のグループから削除し，残された説明変数で，再び重回帰モデルを計算する。

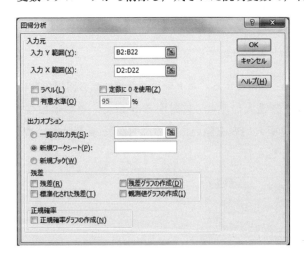

入力 Y 範囲に目的変数「B2：B22」を，入力 X 範囲に説明変数「D2：D22」を入力し，「OK」を押すと以下の結果がシート 4 に得られる。

	A	B	C	D	E	F	G	H	I
1	概要								
2									
3		回帰統計							
4	重相関 R	0.7965							
5	重決定 R2	0.6345							
6	補正 R2	0.6152							
7	標準誤差	59.0034							
8	観測数	21							
9									
10	分散分析表								
11		自由度	変動	分散	観測された分散比	有意 F			
12	回帰	1	114805.59	114805.59	32.98	1.557E-05			
13	残差	19	66146.54	3481.40					
14	合計	20	180952.13						
15									
16		係数	標準誤差	t	P-値	下限 95%	上限 95%	下限 95.0%	上限 95.0%
17	切片	-84.3136	50.1135	-1.6825	0.1088	-189.2022	20.5751	-189.2022	20.5751
18	X 値 1	2.7250	0.4745	5.7425	1.55726E-05	1.7318	3.7182	1.7318	3.7182

エクセルの計算結果で，切片に対する回帰係数を除いた，他の回帰係数に対する p-値の中で最大値を与えるある変数は，砂糖の消費量(x_2)である。その p-値は $1.55726E-05 = 1.55726 \times 10^{-5} = 0.0000155726$ で，0.05より小さい。したがって，これ以上説明変数は削除しない。変数減少法によって，最終的に推定された回帰式は（小数点以下5桁目を四捨五入して小数点以下4桁でかく）

$$y = -84.3136 + 2.7250 x_2$$

である。変数選択法は，説明変数として用意された変数のなかから，目的変数を最も説明できる変数のグループを，説明変数として選ぶ方法である。

補正された寄与率は $R^2_{adj} = 0.6152$ であるから，観測された10万人当たりの死亡者数のデータの変動の61.52%は，重回帰式によって説明される。説明変数が3変数のときの補正された寄与率は62.31%であったが，説明変数が一つになっても補正された寄与率は，ほとんど減少していないことがみてとれる。

分散分析表の有意 F は $1.557E-05 = 1.55710-5 = 0.00001557$ である。説明変数が一つのときは，説明変数の回帰係数に対する p-値と，この分散分析表の有意 F 値は一致する。

〈逐次選択法〉

変数減少法を行ったのち，一度削除した説明変数を，新たに説明変数に加えられるか，回帰係数に対する p-値の最大値が有意水準 α より小さいか試し，もし小さければ，これらの変数を新たに説明変数のグループに加える。また回帰係数に対する p-値の最大値が有意水準以上であれば，その変数を，説明変数のグループから削除する。このように，変数を説明変数のグループに加えたり，削除したりを，収束するまで繰り返す。

ある変数の値が増加すると，他の変数の値も増加する傾向が場合，2つの変数は正の相関があるといい，その傾向が強ければ強いほど，正の相関は高いという。また，ある変数の値が増加すると，他の変数の値は減少する傾向が場合，2つの変数は負の相関があるといい，その傾向が強ければ強いほど，負の相関が高いという。2つの変数が，正であっても負であっても，相関が高いとき，2変数は相関が高いという。

重回帰分析を行うと，モデルのパラメータを推定する場合，逆行列 $(X^{*T}X^*)^{-1}$ が必要となる。説明変数間で相関が高い場合，この逆行列が存在しないか，あるいは行列 $(X^{*T}X^*)$ の行列式が0に近くなる。逆行列が存在しなければ，モデルのパラメータを推定できない。また，行列 $(X^{*T}X^*)$ の行列式が0に近くなると，モデルのパラメータの推定値の精度が悪くなる。例えば，理論上の重回帰式が

$$y = x_1 - x_2$$

である場合，推定される重回帰式は

$$y = 10002 x_1 - 9997 x_2$$

というように，理論上の重回帰式から，非常に異なる重回帰式が推定される場合もある。このように変数間の相関が高い場合，多重共線性の問題という。多重共線性がある場合，全ての変

数を同時に説明変数に加えられない場合がある。その場合は，いくつかの変数を説明変数から削除して重回帰分析を行う。また多重共線性がある場合，たとえ，すべての変数を説明変数として重回帰分析を行っても，モデルのパラメータの精度が悪くなる場合は，変数選択法によって，適切なモデルを選ぶことにより，多重共線性の問題は回避できる。説明変数間の相関関係が高く，多重共線性の問題があるにも関わらず，それらの説明変数を全て説明変数として使用したい場合は，行列$(X^{*T}X^*)$の対角要素に数値を加えるリッジ回帰とよばれる方法もある。

9-3 回帰係数の意味

例題

次のデータは，人工データで，材料の量と作業時間，収量をカテゴリカルに表した。重回帰分析を行い，回帰係数の意味を考えなさい(奥野忠一他(1971)多変量解析法，p.52参照)。

解

上のように材料の量はA2からA21に，作業時間はB2からB21に，収量はC2からC21に入力されているとする。分析ツールから，回帰分析を選び，入力Y範囲に目的変数「C2：C21」を，入力X範囲に説明変数「A2：B21」を入力し，「OK」を押すと，以下の結果がシート2に得られる。

概要

	A	B	C	D	E	F	G	H	I
1	概要								
2									
3	回帰統計								
4	重相関 R	0.9962							
5	重決定 R2	0.9925							
6	補正 R2	0.9916							
7	標準誤差	0.5423							
8	観測数	20							
9									
10	分散分析表								
11			自由度	変動	分散	観測された分散比	有意 F		
12	回帰		2	660	330	1122	8.86E-19		
13	残差		17	5	0.294118				
14	合計		19	665					
15									
16			係数	標準誤差	t	P-値	下限 95%	上限 95%	下限 95.0%	上限 95.0%
17	切片		-2	0.2908	-6.8778	2.67844E-06	-2.6135	-1.3865	-2.6135	-1.3865
18	X 値 1		5	0.1485	33.6650	5.30931E-17	4.6866	5.3134	4.6866	5.3134
19	X 値 2		-0.5	0.0606	-8.2462	2.40983E-07	-0.6279	-0.3721	-0.6279	-0.3721

上の計算結果より，補正された寄与率は $R_{adj}^2 = 0.9916$ であるから，観測された収量のデータの変動の99.16％は，重回帰式によって説明される．推定された回帰式は

$$y = -2 + 5x_1 - 0.5x_2$$

となる．分散分析表の有意 F は $8.86E-19 = 8.86 \times 10^{-19}$ である．これは重回帰分析のモデルを

$$y = \beta_0 + \beta_1 x_1 + \beta_2 x_2 + \varepsilon$$

とするとき，母集団のパラメータ β_1, β_2 がともに0であるか，少なくとも β_1 または β_2 のどちらか一つは0でないかを検定すると，p-値は $8.86E-19 = 8.86 \times 10^{-19}$ で，少なくとも x_1 と x_2 のどちらか一つは，収量を推定するのに必要である．

他の変数が重回帰式に含まれている場合，回帰係数 β_1 が0であるか，β_2 が0であるかに対する p-値は，それぞれ $5.30931E-17 = 5.30931 \times 10^{-17}$ は，$2.40983E-07 = 2.40983 \times 10^{-7}$ でともに0.05より小さい．つまり，推定された重回帰式

$$y = -2 + 5x_1 - 0.5x_2$$

は，x_1 も x_2 も目的変数を説明するのに必要である．以上より，導入されたモデルはかなりよいモデルといえる．

ここで推定された回帰係数について考察する．「材料の量の回帰係数は5，作業時間の回帰係数は-0.5であるから，材料の量 x_1 を1増加すると，収量が5増加し，作業時間が1増加すると，0.5減少する．」という意味ではない．作業時間が短ければ短いほど，成果があがるとしたら，こんな楽なことはない．しかし，作業時間が長くなれば収量が減少するとなると，現実とはかけ離れている．そこで，材料の量と収量，ならびに作業時間と収量の散布図をかくと，材料の量と収量の散布図によると，材料の量が増加すると収量も増加する．また作業時間を増加すると，収量も増加する．収量と材料の量，収量と作業時間は，正の相関がある．それなのになぜ，作業時間に対する回帰係数が-0.5になったか，次の収量と作業時間の散布図を参照する．図内に材料の量を数値で示してあり，材料の量が同じ場合の平均を通る直線5本がかかれている．

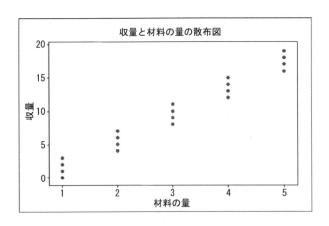

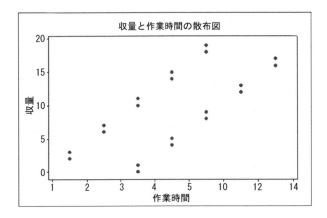

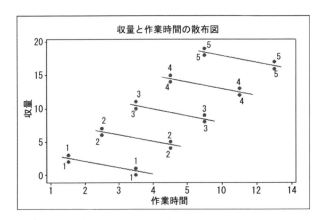

　この材料の量が一定のときの直線は，どれも作業時間を増加させれば収量が減少する。これは材料の量が同じである場合，熟練工であれば短時間に作業が終わり，収量も多いが，見習いの労働者であれば，同じ材料の量で，作業に時間がかかり，収量も比較的少ない。しかし材料の量が増加すればするほど収量は増加する。材料の量が増加すると，作業時間も増加し，収量も増加する。このように材料の量を一定にし，作業時間を1増加させると，収量が0.5減少する。

次の図は収量と材料の量の散布図である。図内に作業時間を数値で示してあり，作業時間が同じ場合の平均を通る線を3直線かいてある。

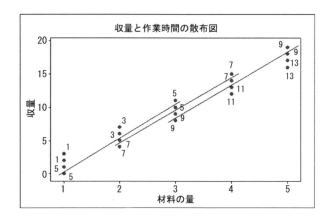

作業時間を一定にし，材料の量を1増加させると，収量が5増加する。この例題でみてきたように，回帰係数の数値，および符号は，目的変数と説明変数の相関には無関係である。これは，一般に説明変数間に相関があるので，時間を一定にして材料の量を増加させることはできない。材料の量が増えれば，作業時間を増加させずに作業を行うことができないからである。

9-4 演習問題

1. 以下の表は，ある病院で健康診断を受けた20人について，性別(0：男性，1：女性)，年齢，喫煙(0：現在禁煙している，1：現在喫煙している)，身長(cm)，体重(kg)，最大血圧の値を表にまとめたものである(人工データ)。最大血圧を目的変数とし，性別，年齢，喫煙，身長，体重を，それぞれ説明変数 $x_1, x_2, \cdots, x_5$ として重回帰分析を行い，以下の問いに答えなさい。

番号	性別	年齢	喫煙	身長	体重	最大血圧
1	1	47	1	168.7	99.7	177
2	1	52	1	164.5	63.6	135
3	1	54	1	161.5	70.1	140
4	1	55	0	152.1	53.4	97
5	1	56	0	170.2	82.5	141
6	1	59	0	167.8	61.6	129
7	1	60	0	162.5	58.1	127
8	1	62	0	159.5	61.4	160
9	1	65	0	158.7	63.2	142
10	1	69	0	158.1	84.9	161
11	0	30	1	185.4	88.7	129
12	0	30	0	173.8	78.6	109
13	0	32	0	188.9	93.5	121
14	0	35	1	173.9	77.8	140
15	0	36	0	171.1	65.3	117
16	0	38	0	174.2	82.5	101
17	0	41	1	178.9	79.3	135
18	0	44	0	187.5	83.3	128
19	0	46	0	176.4	71.3	123
20	0	47	1	170.5	92.5	149

(1) 重回帰モデルを記し，重回帰式を推定しなさい。

(2) 全ての回帰係数が0であるか，あるいは少なくとも回帰係数の一つは0でないか，適切な帰無仮説と対立仮説を書き，検定しなさい。

(3) 全ての説明変数が重回帰式に含まれるとき，性別に対する回帰係数が0であるか，あるいは0でないか，適切な帰無仮説と対立仮説を書き，検定しなさい。

(4) R^2_{adj} の値により，推定された重回帰式によって，最大血圧の変動を何パーセント説明できましたか。

(5) 推定した重回帰式を用い，健康診断にくる人が，男性で，35歳，禁煙者，身長168 cm，体重63 kg の人の，最大血圧を予測しなさい。

(6) 変数減少法により変数選択をし，最適な重回帰式を推定しなさい。また最終的に選択された説明変数による重回帰式によって，最大血圧の変動を何パーセント説明できましたか。

2． 30歳代から50歳代の人を無作為に20人選び，2kmジョギングをしてもらい，以下の測定をした。性別(0：男性，1：女性)，年齢，体重(kg)，運動1(0：普段運動をしていないか，あるいは普段から運動をしている，1：運動をたまにする)，運動2(0：普段運動をしないか，あるいは運動をたまにする，1：普段から運動をしている)，時間(ジョギングにかかった時間(分))，酸素摂取量(mL/kg，ジョギング直後の酸素摂取量)，心拍数(ジョギングをする前の心拍数)，増加心拍数(ジョギングをした後の心拍数の増加数)。増加心拍数を目的変数，性別，年齢，体重，運動1，運動2，時間，酸素摂取量，心拍数を，それぞれ説明変数 $x_1, x_2, \cdots, x_8$ として重回帰分析を行い，以下の問いに答えなさい(人工データ)。

番号	性別	年齢	体重	運動1	運動2	時間	心拍数	酸素摂取量	増加心拍数
1	0	42	82	1	0	12.3	56	46.6	116
2	0	41	85	0	0	14.6	79	41.4	112
3	0	53	91	0	0	15.9	84	37.5	95
4	0	55	76	0	1	11.7	50	55.7	118
5	0	48	73	1	0	11.5	55	57.4	121
6	0	47	68	0	1	11.6	47	54.7	117
7	0	46	80	1	0	13.3	57	51.3	112
8	0	41	79	1	0	11.3	56	55.3	117
9	0	48	83	0	0	13.4	71	41.6	109
10	0	46	69	0	1	11.2	52	58.9	124
11	1	31	52	0	0	16.4	81	52.4	85
12	1	52	65	0	0	18.5	82	51.6	93
13	1	49	61	0	0	21.3	89	49.9	78
14	1	38	51	1	0	15.2	53	54.1	121
15	1	33	49	0	1	13.4	48	62.6	104
16	1	31	56	0	1	14.5	51	61.3	107
17	1	40	52	1	0	16.2	49	57.4	116
18	1	46	53	0	0	17.1	74	58.5	95
19	1	55	64	1	0	16.9	51	52.3	112
20	1	56	71	0	0	19.5	89	49.7	94

(1) 重回帰モデルを記し，重回帰式を推定しなさい。

(2) 全ての回帰係数が0であるか，あるいは少なくとも回帰係数の一つは0でないか，適切な帰無仮説と対立仮説を書き，検定しなさい。

(3) 全ての説明変数が重回帰式に含まれるとき，性別に対する回帰係数が0であるか，あるいは0でないか，適切な帰無仮説と対立仮説を書き，検定しなさい。

(4) R_{adj}^2 の値により，推定された重回帰式によって，増加心拍数の変動を何パーセント説明できましたか。

(5) 推定した重回帰式を用い，30歳代の人を無作為に1人選び，2kmジョギングしてもらう。その人が，女性で，37歳，体重50kg，普段は運動をしない人で，2kmのジョギング時間が13分，ジョギングを始める前の心拍数が75，ジョギング直後の酸素摂取量が40(mL/kg)であるとき，2kmジョギングをする後の増加心拍数を予測しなさい。

(6) 変数減少法により変数選択をし，最適な重回帰式を推定しなさい。また，最終的に選択された説明変数による重回帰式によって，増加心拍数の変動を何パーセント説明できましたか。

3．WHOから国別平均寿命，人口1000人当たりの内科医の数，IMF, World Economic Outlook Databaseより国民一人当たりのGDP（ドル），OECDから貧困率（パーセントの100倍），教育における性差別，職業における性差別を抽出し，表にしたものが以下のデータである。

国	平均寿命	内科医	GDP	貧困率	教育性差別	職業性差別
オーストラリア	82.1	2.47	64576	14.44	59	38.4
オーストリア	80.94	3.38	49064	9.03	39.5	33.3
カナダ	81.24	2.14	52031	11.68	44.9	26.6
チ リ	79.59	1.09	15773	17.8	27.5	24.6
デンマーク	80.05	2.93	59143	6	60.3	24.9
フィンランド	80.63	3.16	49066	7.5	58.2	16.5
ドイツ	80.89	3.37	44994	8.7	32.4	37.8
ギリシャ	80.63	4.38	21863	15.22	24.7	15.1
アイルランド	80.9	2.79	48567	9.72	49	37.5
イタリア	82.94	4.2	34712	12.6	38.7	32.3
日 本	83.1	1.98	38468	16.03	39.2	34.5
メキシコ	77.14	1.98	10650	20.41	22.7	28.8
オランダ	81.1	3.15	50822	7.2	47.9	60.7
ノルウェー	81.45	3.13	100506	7.71	55.5	29.1
ポーランド	76.8	2.47	13437	11.15	75.4	12.2
ポルトガル	80.37	3.42	20998	11.87	48.3	14.8
スペイン	82.38	3.3	29150	15.09	39.9	22.9
スウェーデン	81.7	3.28	57982	9.7	53.1	18.6
スイス	82.7	3.61	81304	10.26	34.8	45.6
トルコ	74.86	1.35	10722	19.2	21.3	24.2
英 国	81.5	2.3	39370	9.49	61.9	39.4
アメリカ	78.74	2.56	53001	17.05	45.4	18.3

平均寿命を目的変数，人口1000人当たりの内科医の数，国民一人当たりのGDP，貧困率（パーセントの100倍），教育における性差別，職業における性差別を，それぞれ説明変数 x_1, x_2, $\cdots$, x_5 とし重回帰分析を行い，以下の問いに答えなさい。

(1) 重回帰モデルを記し，重回帰式を推定しなさい。

(2) 全ての回帰係数が0であるか，あるいは少なくとも回帰係数の一つは0でないか，適切な帰無仮説と対立仮説を書き，検定しなさい。

(3) 全ての説明変数が重回帰式に含まれるとき，性別に対する回帰係数が0であるか，あるいは0でないか，適切な帰無仮説と対立仮説を書き，検定しなさい。

(4) R^2_{adj} の値により，推定された重回帰式によって，平均寿命の変動を何パーセント説明できましたか。

(5) 変数減少法により変数選択をし，最適な重回帰式を推定しなさい。また，最終的に選択された説明変数による重回帰式によって，平均寿命の変動を何パーセント説明できましたか。

10 分散分析

10-1 一元配置分散分析

　同じ種類の植物を，まったく同じ環境で育てても，植物の成長結果がまったく同じになるわけではない。まったく同じ条件で植物を育成しても，成長結果は偶然変わってくる。例えば，肥料を変える場合，成長結果は偶然の範囲内で変わると考えられるか，あるいは偶然とは思えないほど変わるのかを判断しなければならない。このように，植物を育成する場合，肥料を変える前と後の違いについては，2つの母集団の平均値の差や散らばりの差と考え6章，ならびに7章で議論した。

　例えば，グループとしてA，B，C，Dがあるとする。グループ間の比較を行う場合，AとB，AとC，AとD，…，CとDというようにt検定を6回行う。このように全ての組み合わせについて比較する方法を対比較(pairwise comparison)という。この場合，母平均の差を検定すると，帰無仮説は「4つの母平均が全て同じである」に対し，対立仮説は「少なくとも一つの母平均は，他の母平均と異なる」となる。帰無仮説が正しい場合，例えば，有意水準5%でt検定を6回繰り返すと，少なくとも1回のt検定で有意になる確率，つまり少なくとも1回のt検定で2母集団における帰無仮説を棄却する確率は，5%より大きくなる。母集団の数が3つ以上ある場合，検定を繰り返すことによって，帰無仮説が正しいにもかかわらず，対立仮説が正しいと誤判断する確率をファミリー・ワイズ・エラー(family wise error)という。

　Hayter (1984, 1986)は，母集団が3つで，標本の大きさが一定でなく，3つの母平均が全て一致しているとき，t検定を3回繰り返すと，3回のt検定のうち少なくとも一つが棄却されるfamily wise error は，t検定を1回行う有意水準より大きくなることを示した。例えば，有意水準 $\alpha = 0.05 = 5\%$ で，標本の大きさを無限に大きくし，t検定を繰り返すと，全ての母平均が一致しているとき，繰り返したt検定のうち少なくとも一つが棄却されるfamily wise error は，水準数(グループの数)が5，10，15，20のとき，0.2032，0.5715，0.7926，0.9044である。つまり水準数が多くなると，たとえ，実際には帰無仮説は棄却されてはいけないのに，少なくとも一つの仮説が棄却される確率は1に近づく。

　t検定を繰り返し，対比較を行う場合，family wise error を前もって与えられた値に設定することはできない。

　分散分析(Analysis of Variance (ANOVA))は，このように2つ以上のグループ間，または項目間における標本の情報から，それらの標本がえられた母集団の平均が全て同じであるか検定する方法である。

ここでは比較するグループはいくつもあるが，そのグループの起こる要因が一つである，一元配置分散分析（One-way ANOVA）を導入する。

例題

あやめのセトサ，バージカラー，バージニカの3種類の花を5つずつ無作為に選び，それぞれのがくの幅(cm)を測定したところ以下のような結果が得られた（人工データ）。これらの3種類のがくの幅に違いがあるか，有意水準5%で検定しなさい。

セトサ	バージカラー	バージニカ
7.8	6.7	8.8
8.0	7.0	8.6
8.2	7.2	8.9
9.4	7.4	7.5
9.5	6.7	7.3

解

あやめの種類が違えば，がくの幅が異なるかということは，これら5つずつ合わせて15のがくだけを対象にしているのではない。われわれの興味の対象は，全てのセトサのがくの幅，全てのバージカラーのがくの幅，全てのバージニカのがくの幅を対象にしている。つまり3つの母集団を考えている。ところが，全てのセトサのがくの幅だけを考慮しても，がくの幅が広いものも狭いものもある。したがって，このようにセトサのがくの幅とバージカラーのがくの幅を比較する場合は，個々のがくの幅を比較しても意味がない。母集団と母集団の比較，つまり集合と集合の比較は，各母集団の平均値を比較することが考えられる。われわれが全てのセトサのがくの幅を観測することは不可能である。つまり，われわれが手にすることができるセトサのがくの数は，それほど多くない。この標本の情報から，知ることが不可能な各母集団の平均値を比較する。そのため，各母集団内での散らばりの情報を考慮して，全ての母集団の平均値が同じであると考えられるか，あるいは少なくとも一つの母集団の平均値は，他の母集団の平均値と異なるか確率を求め，判断する。

このような考え方を，数学的なモデルを使用し解析する。

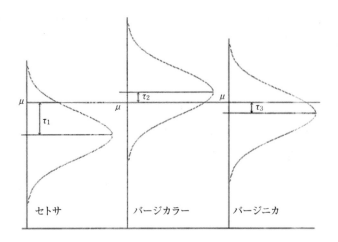

あやめのセトサ，バージカラー，バージニカの3種類のがくの幅の母集団が，上のように表されているとする。あやめのセトサ，バージカラー，バージニカのがくの幅の母集団3つを混ぜた平均値を，母集団の総平均(overall population mean)といいμで表す。

セトサのがくの幅の母集団の平均値を$\mu + \tau_1$，τ_1をセトサの効果，
バージカラーのがくの幅の母集団の平均値を$\mu + \tau_2$，τ_2をバージカラーの効果，
バージニカのがくの幅の母集団の平均値を$\mu + \tau_3$，τ_3をバージニカの効果という。

一般に，セトサ，バージカラー，バージニカを合わせて，その総称を要因といい，それぞれセトサ，バージカラー，バージニカ，個々を水準(level)または，処理法(treatment)といい，τ_iを処理法による効果(treatment effect または effect due to treatment i)という。

〈一元配置分散分析法，母数模型〉
モデルは
$$Y_{ij} = \mu + \tau_i + \varepsilon_{ij} \qquad (i = 1, 2, \cdots, a; j = 1, 2, \cdots, n)$$
ここで，
Y_{ij}は，i番目の水準(処理法を行ったとき)の，j番目の確率変数
y_{ij}は，i番目の水準(処理法を行ったとき)の，j番目の観測値
μは，母集団の総平均(overall population mean)
τ_iは，処理法による効果(treatment effect または effect due to treatment i)
ε_{ij}は，i番目の水準(処理法を行ったとき)の，j番目の誤差で，
ε_{ij}は，独立で，平均0，全ての水準(処理法)に共通で未知の分散σ^2をもつ正規分布に従うと仮定する。

a は，水準(処理法)の数，
n は，i 番目の水準(処理法を行ったとき)における，観測値の繰り返し数
$$\mu_i = \mu + \tau_i \qquad i = 1, 2, \cdots, a$$
で与えられる。

統計的検定は，ある正しいとされる仮説，あるいは検証したい仮説を帰無仮説といい H_0 で表す。一元配置分散分析の場合，帰無仮説は

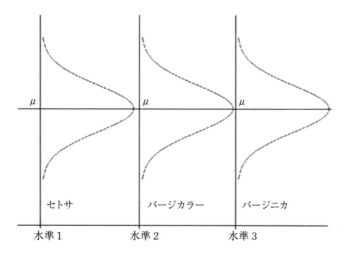

$$H_0 : \tau_1 = \tau_2 = \cdots = \tau_a \quad (\text{または} \quad \mu_1 = \mu_2 = \cdots = \mu a)$$

帰無仮説が間違っているときの仮説を，対立仮説を H_1 で

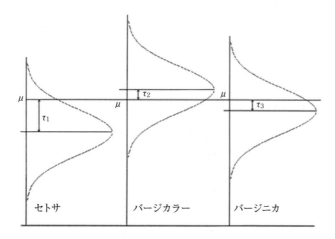

H_1：少なくとも一つのペア (s, t) に対して，$\tau_s \neq \tau_t$ （または $\mu_s \neq \mu_t$）

いま SS_T, $SS_{Treatment}$, SS_E を全平方和(the total sum of squares of the data)，水準間(処理法間)の平方和(the sum of squares due to variability between treatment means τ_i)，水準内(処理法内)の平方和(the sum of squares due to variability within each treatment)という。

いま $\bar{y}_{..}$ を総平均，$\bar{y}_{i.}$ を i 番目の処理法を用いたときの平均値とし

$$\bar{y}_{i.} = \frac{1}{n}\sum_{j=1}^{n} y_{ij}, \qquad \bar{y}_{..} = \frac{1}{an}\sum_{i=1}^{a}\sum_{j=1}^{n} y_{ij},$$

$$SS_T = \sum_{i=1}^{a}\sum_{j=1}^{n}(y_{ij}-\bar{y}_{..})^2, \ SS_{Treatments} = n\sum_{i=1}^{a}(\bar{y}_{i.}-\bar{y}_{..})^2, \ SS_E = \sum_{i=1}^{a}\sum_{j=1}^{n}(y_{ij}-\bar{y}_{i.})^2$$

とすると

$$SS_T = SS_{Treatment} + SS_E$$

という関係がある。

$SS_{Treatment}$，SS_E より平均平方和を

$$MS_{Treatment} = \frac{1}{a-1}SS_{Treatment}, \quad MS_E = \frac{1}{a(n-1)}SS_E,$$

とし，

$$F = \frac{SS_{Treatment}/(a-1)}{SS_E/[a(n-1)]} = \frac{MS_{Treatment}}{MS_E}$$

と定義する。

もし帰無仮説 H_0 が正しいと仮定すると

$$F = \frac{SS_{Treatment}/(a-1)}{SS_E/[a(n-1)]} = \frac{MS_{Treatment}}{MS_E}$$

は，自由度 $a-1$ と $a(n-1)$ の F 分布に従う。また，対立仮説 H_1 が正しいときは，F は大きな値をとるので，帰無仮説 H_0，対立仮説 H_1 とする片側 F 検定を行うことができる。

帰無仮説 H_0 が正しいと仮定するとき，

$$P(F > F_0) = p\text{-値}$$

ここで

$$F_0 = \frac{SS_{Treatment}/(a-1)}{SS_E/[a(n-1)]} = \frac{MS_{Treatment}}{MS_E}$$

は，観測値から計算された値で，p-値が小さいと帰無仮説 H_0 が正しい確率が小さい。p-値が前もって与えられた有意水準より大きいか等しいと，帰無仮説 H_0 は間違っているとはいいがたい。p-値が有意水準より小さい場合は，帰無仮説を棄却して対立仮説を採択する。この検定を遂行するため，次の分散分析表が作成される。

分散分析表

変動因	自由度	平方和	平均平方和	F 値
処理間	$a-1$	$SS_{Treatment}$	$MS_{Treatment}$ $(=SS_{Treatment}/[a-1])$	$F_0 = MS_{Treatment}/MS_E$
誤差	$a(n-1)$	SS_E	$MS_E\ (=SS_E/[a(n-1)])$	
全体	$an-1$	SS_T $(=SS_{Treatment}+SS_E)$		

例題

あやめのセトサ，バージカラー，バージニカの例題

一元配置分散分析を行い，あやめのセトサ，バージカラー，バージニカの母集団の平均値に差があるか検定しなさい。

解

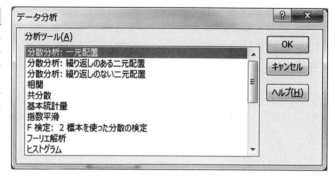

セトサのデータをA2からA6に，バージカラーのデータをB2からB6に，バイジニカのデータをC2からC6に入力する。分析ツールから「分散分析：一元配置」を選び「OK」を押し，入力範囲に「A2：C6」を入力し，「OK」を押すと，分散分析の結果が得られる。

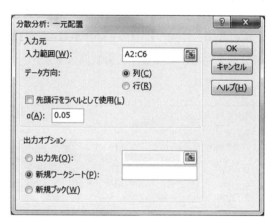

計算結果を解説する。帰無仮説 H_0, ならびに対立仮説 H_1 は

H_0：$\tau_1 = \tau_2 = \tau_3$　　（または　$\mu_1 = \mu_2 = \mu_3$）

H_1：少なくとも一つのペア (s, t) に対して，$\tau_s \neq \tau_t$　（または $\mu_s \neq \mu_t$）

有意水準を $\alpha = 0.05$ とすると，検定の規則は

(a)　p-値 $< \alpha$ であれば，帰無仮説 H_0 を棄却し，対立仮説 H_1 を採択する。

(b)　p-値 $\geq \alpha$ であれば，帰無仮説 H_0 を棄却しない。

分散分析表の p-値は $0.0068 < 0.05 =$ 有意水準より，有意水準5％で帰無仮説を棄却し，対立仮説を採択する。セトサ，バージカラー，バージニカのがくの長さの，少なくとも一つの母平均は他の母平均と異なる。ここで，セトサ，バージカラー，バージニカのそれぞれの標本平均は 42.9，35，41.1 である。したがって標本平均の最大と最小は 42.9 と 35 であるから，有意水準5％でセトサとバージカラーの母集団の平均は異なると判断できる。

　この例題では，セトサ，バージカラー，バージニカ，ともに5つずつがくの幅が観測されていた。つまり，異なった水準ごとに観測値の繰り返し数は一定であった。実験によっては，始め計画していた観測値の繰り返し数が，実験の失敗などによって，一定にならない場合も出てくる。このような場合でも，上で述べた方法は，まったく同様に計算され，計算結果の解釈も同様に行われる。例えば，あやめのセトサ，バージカラー，バージニカのがくの実験の繰り返し回数は，それぞれ5，3，4とし，エクセルのF列，G列，H列の2行目から6行目に，以下のように保存されていると仮定する。分散分析を使用する場合，入力範囲は F2 から H6 のように，囲む範囲に全てのデータが含まれるように選ぶ。

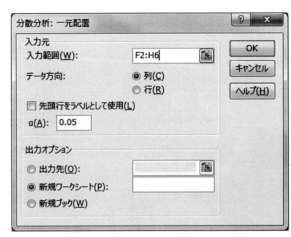

計算結果は，以下のようである。

	A	B	C	D	E	F	G
1	分散分析: 一元配置						
2							
3	概要						
4	グループ	データの個数	合計	平均	分散		
5	列1	5	→42.9	8.58	0.6520		
6	列2	3	→20.9	6.97	0.0633		
7	列3	4	33.8	8.45	0.4167		
8							
9							
10	分散分析表						
11	変動要因	変動	自由度	分散	観測された分散比	P-値	F 境界値
12	グループ間	5.4820	2	2.7410	6.1910	0.0204	4.2565
13	グループ内	3.9847	9	0.4427		↑	
14							
15	合計	9.4667	11				

帰無仮説 H_0，ならびに対立仮説 H_1 は

$H_0 : \tau_1 = \tau_2 = \tau_3$　　（または　$\mu_1 = \mu_2 = \mu_3$）

H_1：少なくとも一つのペア (s, t) に対して，　$\tau_s \neq \tau_t$　（または $\mu_s \neq \mu_t$）

有意水準を $\alpha = 0.05$ とすると，検定の規則は

(a)　p-値 $< \alpha$ であれば，帰無仮説 H_0 を棄却し，対立仮説 H_1 を採択する。

(b)　p-値 $\geq \alpha$ であれば，帰無仮説 H_0 を棄却しない。

分散分析表の p-値は $0.0204 < 0.05 =$ 有意水準より，有意水準5％で帰無仮説を棄却し，対立仮説を採択する。セトサ，バージカラー，バージニカのがくの長さの，少なくとも一つの母平均は他の母平均と異なる。さらに，標本平均の最大値と最小値が，セトサの42.9とバージカラーの20.9より，有意水準5％でセトサとバージカラーの母集団の平均は異なる。

分散分析によって，処理間の平均値の少なくともどれか一つに差があることが検定によってわかった場合，どの処理間に平均値の差があるか検定する方法を，多重比較法という。

〈多重比較法〉

分散分析によって帰無仮説 H_0 を棄却し，対立仮説 H_1 を採択することは，処理間のいずれかで母集団の平均値に差があることを示している。しかし，これでは，どの処理方法と，別のある処理方法で，母集団の平均値に差があるかまでは分からない。どの処理間の母集団の平均値に差があるかを，統計的に検定する方法を多重比較法といい，シェフェ(Scheffe)，テューキー(Tukey)，ダネット(Dunnett)法などがある。他にも，対比(contrast)，傾向のある比較(directional comparison)，ノンパラメトリック法(ダン，Dunn)などがある。

誤差の分散の多重比較法はハートレイ(Hartley)法，ボックス(Box)法，バートレット(Bartlett)法，コクラン(Cochran)法がある。またノンパラメトリックな等分散性の検定にはレベン(Levene)法があり，誤差が正規分布に従うか検定する，正規性の検定が棄却された場合は，

レベン法を使用する。しかし多重比較法をエクセルで計算するには，自分でかなり複雑な数式を計算しなければならないので，ここでは省略する（Montgomery（1997）参照）。

10-2 多元配置分散分析

　ある病気の患者さんのグループを，症状の軽いグループと症状の重いグループに分け，さらにそれぞれのグループを2つに分け，患者さんを4つのグループに分割する。症状の軽い患者さんの1つのグループにA薬，もう1つのグループにB薬を投与する。同様に，症状の重い患者さんの1つのグループにA薬，もう1つのグループにB薬を投与する。A薬，B薬とも1週間投与し，1週間後の症状を観察する。回復状況は数値で表されるとし，数値が高いほど症状は回復すると仮定する。患者さんの症状の回復については，薬を変えることにより患者さんの症状が変わる可能性がある。また元々の患者さんの症状の重さの如何により，症状の回復が影響される可能性もある。このように，「薬の違い」，「元々の患者さんの症状の重さ」が，患者さんの症状の回復に影響を与える可能性がある場合，これらを症状の回復に対する要因という。この問題では「薬」と「症状」が要因となる。要因を質的，あるいは量的に変える段階を水準という。「A薬」を要因「薬」の「水準1」，「B薬」を要因「薬」の「水準2」，「症状が重い」を要因「症状」の「水準1」，「症状が軽い」を要因「症状」の「水準2」という。水準の数を水準数という。例えば要因「薬」の水準数は2である。

　患者さん達は，たくさんいるが，わかりやすい説明を行うため，ここでは回復状況の平均値のみが与えられており，それらは以下のように表されているとする。

症状の平均値（人工データ）

平均		薬（要因）		平均
		A（$Y=1$，水準1）	B（$Y=2$，水準2）	
症状（要因）	重い（$X=1$，水準1）	2	3	2.5
	軽い（$X=2$，水準2）	3	4	3.5
平均		2.5	3.5	

　症状が重い患者さんにA薬を与えると平均は2，B薬を与えると平均は3であるから，症状が重い患者さんにはA薬よりB薬を与えたほうが，数値が1高い。同様に症状が軽い患者さんにA薬を与えると平均は3，B薬を与えると平均は4であるから，症状が軽い患者さんにもA薬よりB薬を与えたほうが，数値は1高い。つまり，症状が軽くても，あるいは症状が重くても，A薬より，B薬を与えると，回復状況の平均値は1高い。このような場合，薬の主効果があるという。

　A薬を投与した場合について考えると，症状が重い患者さんの平均は2，症状が軽い患者さんの平均は3である。つまりA薬を患者さんに与えると，症状の重い患者さんより，症状の軽い患者さんの方の数値が1高い。同様にB薬を投与した場合について考えると，症状が重い患

者さんの平均は3，症状が軽い患者さんの平均は4である。つまりB薬を患者さんに与えると，症状の重い患者さんより，症状の軽い患者さんのほうの数値が1高い。以上から，A薬を投与した場合でも，あるいはB薬を投与した場合でも，症状が重い患者さんに投与したときより，症状が軽い患者さんに投与したときのほうの回復状況の平均値は1高い。このような場合，症状の主効果があるという。

「症状」を「変数X」，「薬」を「変数Y」とし，「症状が重い」を「$X=1$」，「症状が軽い」を「$X=2$」，「A薬」を「$Y=1$」，「B薬」を「$Y=2$」とし，「1週間薬を投与した後の症状の回復状況の数値」を「Z」とすると，上の表の数値は

$$Z = X + Y = 症状の主効果 + 薬の主効果$$

となり，Xを「症状の主効果」，Yを「薬の主効果」という。これを図で描くと以下のような3次元空間における平面となる。この平面の4つの端点は，一元配置分散分析の各水準の平均値に対応する。

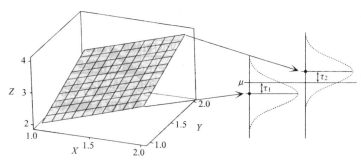

主効果の例

上の図左側の3次元の図は，おのおの4つの組み合わせにおける平均値のみを示したものである。上の図右側は「症状の軽い」患者さんに「A薬」を投与した場合と「B薬」を投与した場合で，それぞれの平均値がそれぞれの山形の分布の平均値に対応する。しかし，実際の問題では，次の表のように，症状が軽い患者さんにA薬を投与した場合よりB薬を投与したほうが症状の回復がよく，数値が大きくなるが，症状が重い患者さんにA薬を投与したほうが，B薬を投与するより症状が回復する場合もあるだろう。

症状の平均値（人工データ）

平　均		薬（要　因）		平　均
		A($Y=1$, 水準1)	B($Y=2$, 水準2)	
症状（要因）	重い($X=1$, 水準1)	4	3	3.5
	軽い($X=2$, 水準2)	3	4	3.5
平　均		3.5	3.5	

この場合の症状の回復状況の数値Zは

$$Z = X + Y + 2(2-X)(2-Y) = 8 - 3X - 3Y + 2XY$$
$$= 定数 + 症状の主効果 + 薬の主効果 + 交互作用$$

となる。要因「症状」のある「水準」と要因「薬」のある「水準」の特別な組み合わせのとき、症状の回復が主効果の和より大きな数値あるいは小さな数値に変わる場合もある。このような場合、薬と症状の交互作用があるという。それぞれ症状と薬の4つの組み合わせにおける平均値を図示すると、以下のような3次元空間における曲面になる。

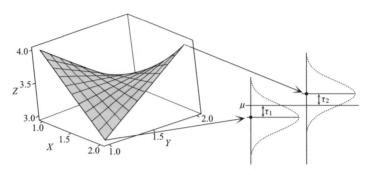

交互作用の例

上の図右側の2つの山形の図は、「症状の軽い」患者さんの分布を表しており、同様に「症状の重い」患者さんの分布も、別の2つの山形の分布をもっている。これら4つの山形の分布の平均値のみを表したものが、上の図左側に対応する。実際の実験から得られる観測値はこの曲面上にあることは、ほとんど起こりえないし、実験を何回か繰り返しても、特定の水準の組み合わせに対応する観測値の平均値(標本平均)もこの曲面上の点となることは、ほとんど起こり得ない。また、この例題では、要因の水準数を2としたので、主効果は増加、あるいは減少するが、水準数が3以上になると、ある要因において少なくとも1つの水準で母集団の平均が他の水準における母集団の平均と異なる場合、その要因の主効果があるという。

ここで説明した主効果、ならびに交互作用は、母集団の平均値を使用したものである。実際の問題では、母集団の平均値はわからないので、母集団の主効果も、交互作用も未知である。したがって、実験などにより観測値を得て、その標本から、主効果、ならびに交互作用を数値として推定し、母集団の主効果や交互作用があるか統計的に検定する。主効果や交互作用を推定するため、すべての組み合わせに対して実験を行う場合、要因の数が二つで分散分析を行う場合を二元配置分散分析といい、要因の数が3つの場合を三元配置分散分析という。一般に要因の数が2つ以上であれば、多元配置分散分析という。

〈二元配置分散分析〉

二元配置分散分析のモデルは、以下のように与えられる。

$$Y_{ijk} = \mu + \tau_i + \beta_j + (\tau\beta)_{ij} + \varepsilon_{ijk}$$

$i = 1, \cdots, a$
$j = 1, \cdots, b$
$k = 1, \cdots, n$

ここで

Y_{ijk} は，要因 A の i 番目の水準，要因 B の j 番目の水準，k 番目の確率変数

y_{ijk} は，要因 A の i 番目の水準，要因 B の j 番目の水準，k 番目の観測値

μ は，母集団の総平均

τ_i は，要因 A の i 番目の水準による効果，要因 A の主効果

β_j は，要因 B の j 番目の水準による効果，要因 B の主効果

$(\tau\beta)_{ij}$ は，要因 A の i 番目の水準と要因 B の j 番目の水準による，交互作用の効果

ε_{ijk} は，要因 A の i 番目の水準，要因 B の j 番目の水準，k 番目の誤差で，独立で，平均 0，すべての要因の水準の組み合わせに共通で未知の分散 σ^2 をもつ正規分布に従うと仮定する。

n は，要因 A の i 番目の水準，要因 B の j 番目の水準における，観測値の繰り返し数である。

この例では，以下で説明する数式の煩雑さを回避するため，要因 A の i 番目の水準，要因 B の j 番目の水準，(i, j) での実験の繰り返し数は，すべての (i, j) について一定値 n としているが ($i=1,\cdots,a\,;j=1,\cdots,b$)，一般には繰り返しの数は一定値である必要はない。

SS_T, SS_A, SS_B, SS_{AB}, SS_E を全平方和，要因 A による平方和，要因 B による平方和，要因 A と要因 B の交互作用による平方和，誤差の平方和とし，$\bar{y}_{...}$ を総平均，$\bar{y}_{i..}$ を要因 A の i 番目の平均値，$\bar{y}_{\cdot j\cdot}$ を要因 B の j 番目の平均値，$\bar{y}_{ij\cdot}$ を要因 A の i 番目と要因 B の j 番目の交互作用の平均値とすると，これらは以下のように定義される。

$$\bar{y}_{ij\cdot} = \frac{1}{n}\sum_{k=1}^{n} y_{ijk}, \quad \bar{y}_{i..} = \frac{1}{bn}\sum_{j,k}^{b,n} y_{ijk}, \quad \bar{y}_{\cdot j\cdot} = \frac{1}{an}\sum_{i,k}^{a,n} y_{ijk}, \quad \bar{y}_{...} = \frac{1}{abn}\sum_{i,j,k}^{a,b,n} y_{ijk},$$

$$SS_T = \sum_{i,j,k}^{a,b,n} (y_{ijk} - \bar{y}_{...})^2, \quad SS_A = bn\sum_{i=1}^{a} (\bar{y}_{i..} - \bar{y}_{...})^2, \quad SS_B = an\sum_{j=1}^{b} (\bar{y}_{\cdot j\cdot} - \bar{y}_{...})^2,$$

$$SS_{AB} = n\sum_{i,j}^{a,b} (\bar{y}_{ij\cdot} - \bar{y}_{i..} - \bar{y}_{\cdot j\cdot} + \bar{y}_{...})^2, \quad SS_E = \sum_{i,j,k}^{a,b,n} (y_{ijk} - \bar{y}_{ij\cdot})^2$$

とすると

$$SS_T = SS_A + SS_B + SS_{AB} + SS_E$$

という関係がある。また平均平方和を

$$MS_A = \frac{1}{a-1} SS_A, \quad MS_B = \frac{1}{b-1} SS_B, \quad MS_{AB} = \frac{1}{(a-1)(b-1)} SS_{AB},$$

$$MS_E = \frac{1}{ab(n-1)} SS_E$$

とし

$$F_A = \frac{SS_A/(a-1)}{SS_E/[ab(n-1)]} = \frac{MS_A}{MS_E}, \quad F_B = \frac{SS_B/(b-1)}{SS_E/[ab(n-1)]} = \frac{MS_B}{MS_E},$$

$$F_{AB} = \frac{SS_{AB}/[(a-1)(b-1)]}{SS_E/[ab(n-1)]} = \frac{MS_{AB}}{MS_E}$$

と定義する．帰無仮説 H_0：要因 A の主効果がない（要因 A のすべての水準の平均値は同じである場合，$\tau_1 = \cdots = \tau_a$）とし，対立仮説を H_1：要因 A の主効果がある（要因 A の少なくとも1つの水準の平均値は，他の水準の平均値と異なる場合）とする．もし帰無仮説が正しいと仮定すると

$$F_A = \frac{SS_A/(a-1)}{SS_E/[ab(n-1)]} = \frac{MS_A}{MS_E}$$

は，自由度 $a-1$ と $ab(n-1)$ の F 分布に従う．帰無仮説 H_0 が正しい場合，水準ごとの平均値には差がない．要因 A の水準内の散らばりより，要因 A の水準間の平均値の散らばりが小さいので，MS_A が MS_E より小さくなる．これに対して，対立仮説 H_1 が正しいときは，要因 A の水準ごとの平均値に散らばりがあり，要因 A の水準内の散らばりより水準間の平均値の散らばりが大きくなると，MS_A が MS_E より大きくなり，F_A が大きな値をとる．F_A の値が有意水準と比較し，大きな値になれば，帰無仮説を棄却し，対立仮説を採択する片側 F 検定を行うことができる．

同様に，要因 B の主効果がないと仮定すると

$$F_B = \frac{SS_B/(b-1)}{SS_E/[ab(n-1)]} = \frac{MS_B}{MS_E}$$

は，自由度 $b-1$ と $ab(n-1)$ の F 分布に従う．要因 B の主効果がない場合は，F_B は小さな値をとり，要因 B の主効果がある場合は，F_B は大きな値をとるので，要因 B の主効果の検定を行うことができる．

同様に，要因 A と要因 B の交互作用がないと仮定すると

$$F_{AB} = \frac{SS_{AB}/(a-1)(b-1)}{SS_E/[ab(n-1)]} = \frac{MS_{AB}}{MS_E}$$

は，自由度 $(a-1)(b-1)$ と $ab(n-1)$ の F 分布に従う．要因 A と要因 B の交互作用がない場合は，F_{AB} は小さな値をとり，要因 A と要因 B の交互作用がある場合は，F_{AB} は大きな値をとるので，要因 A と要因 B の交互作用の効果の検定を行うことができる．

観測値 y_{ijk} の繰り返し数 n_{ij} が (i, j) の選び方によって異なる場合（$i=1,\cdots,a; j=1,\cdots,b$），どのように SS_A, SS_B, SS_{AB}, μ, τ_i, β_j, $(\tau\beta)_{ij}$ の推定値を偏りがなく求めるか1930年代から議論されてきた（Herr (1986) 参照）．例えば，$(\tau\beta)_{ij}$ の推定値を

$$\bar{y}_{ij\cdot} = \frac{1}{n_{ij}} \sum_{k=1}^{n_{ij}} y_{ijk}$$

とする場合，τ_i の推定値は

$$\bar{y}_{i\cdot\cdot} = \frac{1}{\sum_{j=1}^{b} n_{ij}} \sum_{j=1}^{b} n_{ij} \bar{y}_{ij\cdot} \text{ とするか，あるいは } \bar{y}_{i\cdot\cdot} = \frac{1}{b} \sum_{j=1}^{b} \bar{y}_{ij\cdot}$$

とするかによって推定値の偏りが違ってくる．さらに観測値 y_{ijk} の繰り返し数が異なる場合は

$$SS_T = SS_A + SS_B + SS_{AB} + SS_E$$

は，一般的には成立しなくなる．まず SS_A, SS_B, SS_{AB} を求める方法として，代表的な方法として第1, 2, 3種の3つの方法があり，ここではもっとも多く使われている第3種(type Ⅲ)の調整済み平方和による方法を導入する．この方法の場合 τ_i の推定値は

$$\bar{y}_{i..} = \frac{1}{b}\sum_{j=1}^{b}\bar{y}_{ij.}$$

が使われている．この方法によれば，繰り返しの数が同じであっても，異なっていても無関係に使用できる．

エクセルの分析ツールには，2元配置分散分析，繰り返しの数が異なる場合のコマンドはないが，回帰分析を繰り返し使うことで，この問題を解くことができる．

例題

ある化学実験の生産量は，温度と圧力に依存すると考えられている．温度を高温，低温，圧力を高圧力，中圧力，低圧力とし，いくつかの実験を行ったところ，得られた生産量は以下のようであった(人工データ)．分散分析のモデルを書き，おのおのの要因の主効果，ならびに交互作用があるか有意水準5%で検定しなさい．

ある化学実験の生産量

		要因B (圧力)		
		低圧力	中圧力	高圧力
要因A (温度)	低温	10.5, 9.3	10.6, 10.9, 10.2	9.7, 9.4
	高温	11.1, 10.7, 11.4	11.9, 12.2	10.8, 10.4

解　エクセルの計算手順と計算結果

重回帰分析を使うので，説明変数を作成する．まず，一般的な場合について説明する．要因Aの水準数が a のとき，要因Aの主効果に対応する説明変数をA1, A2, …, A($a-1$) の，($a-1$) 個の説明変数を作成する．要因Aの1番目の水準のときは，A1が1でそれ以外A2, …, A($a-1$) は0とする．例えば低温のときは (A1, A2, …, A($a-1$)) = (1, 0, …, 0) とおく．要因Aの2番目の水準のときは，A2が1で，それ以外は0とおく．同様に要因Aの i 番目．($1 \leq i \leq a-1$) のときはAi が1で，それ以外は0とおく．要因Aの a 番目の水準のときはA1, A2, …, A($a-1$) のすべてを -1 とする．この場合は (A1, A2, …, A($a-1$)) = ($-1, -1, …, -1$) となる．

要因Bの水準数が b のとき，要因Bの主効果についても要因Aの主効果と同様に説明変数B1, B2, …, B($b-1$) の($b-1$)個の説明変数を作成する．さらに交互作用に対応する説明変数も，A1×B1, A1×B2, …, A1×B($b-1$), …, A($a-1$)×B1, A($a-1$)×B2, …, A($a-1$)×B($b-1$) の ($a-1$)×($b-1$) 個の説明変数を作成する．

ただし，すべての繰り返し数 n_{ij} が1の場合 ($i=1, …, a; j=1, …, b$)，交互作用は推定できない．

上の表に対しては，生産量と要因Aの主効果，要因Bの主効果に対する説明変数は，以下のようになる。

	A	B	C	D
1		A	B1	B2
2	10.5	1	1	0
3	9.3	1	1	0
4	11.1	-1	1	0
5	10.7	-1	1	0
6	11.4	-1	1	0
7	10.6	1	0	1
8	10.9	1	0	1
9	10.2	1	0	1
10	11.9	-1	0	1
11	12.2	-1	0	1
12	9.7	1	-1	-1
13	9.4	1	-1	-1
14	10.8	-1	-1	-1
15	10.4	-1	-1	-1

カーソルをE2に移動し，f_xの箱の中に「＝B2*C2」と入力しEnterキーを押す。さらにカーソルを再びE2に置き，マウスの左ボタンを押し，右ボタンを押すと，以下のようなメニューが現れる。

カーソルを「コピー」に移動し，マウスの左ボタンを押す。カーソルをE3に移動しマウスの左ボタンを押し，マウスの左ボタンを押したままE15に移動すると，E3からE15までが影のかかった四角形で囲まれる。マウスの左ボタンから指を離す。カーソルをこの影のかかった四角形の中に移動し，マウスの右ボタンを押すと，再び上のメニューが現れる。

「貼り付け」の左端の図の上にカーソルを移動し，マウスの左ボタンを押すと以下の結果が得られる。

	A	B	C	D	E
1		A	B1	B2	
2	10.5	1	1	0	1
3	9.3	1	1	0	1
4	11.1	-1	1	0	-1
5	10.7	-1	1	0	-1
6	11.4	-1	1	0	-1
7	10.6	1	0	1	0
8	10.9	1	0	1	0
9	10.2	1	0	1	0
10	11.9	-1	0	1	0
11	12.2	-1	0	1	0
12	9.7	1	-1	-1	-1
13	9.4	1	-1	-1	-1
14	10.8	-1	-1	-1	1
15	10.4	-1	-1	-1	1
16					

同様にカーソルをF2に移動し，f_xの箱の中に「=B2*D2」と入力しEnterキーを押す。同様にF2の式をコピーし，F3からF15まで貼り付け，それぞれに適切な名前をつける。さらに後で回帰分析を計算するために，G列にB列をコピーし貼り付ける。

	A	B	C	D	E	F	G
1		A	B1	B2	AB1	AB2	A
2	10.5	1	1	0	1	0	1
3	9.3	1	1	0	1	0	1
4	11.1	-1	1	0	-1	0	-1
5	10.7	-1	1	0	-1	0	-1
6	11.4	-1	1	0	-1	0	-1
7	10.6	1	0	1	0	1	1
8	10.9	1	0	1	0	1	1
9	10.2	1	0	1	0	1	1
10	11.9	-1	0	1	0	-1	-1
11	12.2	-1	0	1	0	-1	-1
12	9.7	1	-1	-1	-1	-1	1
13	9.4	1	-1	-1	-1	-1	1
14	10.8	-1	-1	-1	1	1	-1
15	10.4	-1	-1	-1	1	1	-1

エクセルの「メニューバー」の「データ」，さらに「データ分析」を選ぶ。「データ分析」が現れたら「回帰分析」を選び「OK」を選ぶ。入力Y範囲の箱に「A2：A15」，入力X範囲に「B2：F15」を選び，「OK」を選ぶ。

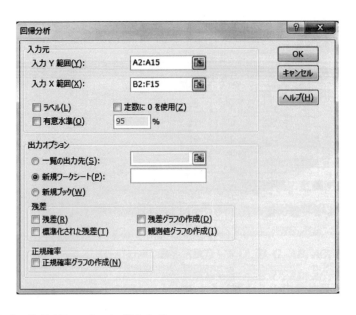

以下の結果がシート2に得られる。

	A	B	C	D	E	F	G	H	I
1	概要								
2									
3		回帰統計							
4	重相関 R	0.9234							
5	重決定 R2	0.8528							
6	補正 R2	0.7607							
7	標準誤差	0.4158							
8	観測数	14							
9									
10	分散分析表								
11		自由度	変動	分散	観測された分散比	有意 F			
12	回帰	5	8.0117	1.6023	9.2665	0.003515			
13	残差	8	1.3833	0.1729					
14	合計	13	9.3950						
15									
16		係数	標準誤差	t	P-値	下限 95%	上限 95%	下限 95.0%	上限 95.0%
17	切片	10.6222	0.1132	93.8564	0.0000	10.3612	10.8832	10.3612	10.8832
18	X 値 1	-0.6167	0.1132	-5.4488	0.0006	-0.8776	-0.3557	-0.8776	-0.3557
19	X 値 2	-0.1389	0.1575	-0.8816	0.4037	-0.5022	0.2244	-0.5022	0.2244
20	X 値 3	0.6861	0.1575	4.3553	0.0024	0.3228	1.0494	0.3228	1.0494
21	X 値 4	0.0333	0.1575	0.2116	0.8377	-0.3299	0.3966	-0.3299	0.3966
22	X 値 5	-0.1250	0.1575	-0.7935	0.4504	-0.4883	0.2383	-0.4883	0.2383

ここで得られた残差の変動1.3833が残差平方和の SS_E で，これを $R(A, B, AB)$ と表す。また SS_E の自由度は8である。この記号 $R(A, B, AB)$ は Searle (1971, Chap. 7) による。

シート1に戻し，回帰分析を行う。入力 Y 範囲の箱に「A2：A15」，入力 X 範囲に「C2：F15」を選び，「OK」を選ぶとシート3に結果が得られる。ここでは，後で使用する分散分析の

結果のみを掲載する。

	自由度	変動	分散	観測された分散比	有意 F
回帰	4	2.8779	0.7195	0.9936	0.45867
残差	9	6.5171	0.7241		
合計	13	9.3950			

ここで得られた残差の変動6.5171を，説明変数が要因Bと交互作用のときの残差平方和 $R(B, AB)$ と表す。この残差平方和の自由度は9である。

シート1に戻し，回帰分析を行う。入力Y範囲の箱に「A2：A15」，入力X範囲に「E2：G15」を選び，「OK」を選ぶとシート4に結果が得られ，その一部，分散分析の結果のみを以下に掲載する。

	自由度	変動	分散	観測された分散比	有意 F
回帰	3	4.4758	1.4919	3.0328	0.079824
残差	10	4.9192	0.4919		
合計	13	9.3950			

ここで得られた残差の変動4.1912を，説明変数が要因Aと交互作用のときの残差平方和 $R(A, AB)$ と表す。この残差平方和の自由度は10である。

シート1に戻し，回帰分析を行う。入力Y範囲の箱に「A2：A15」，入力X範囲に「B2：D15」を選び，「OK」を選ぶと結果が得られ，その一部，分散分析の結果のみを掲載する。

	自由度	変動	分散	観測された分散比	有意 F
回帰	3	7.8981	2.6327	17.5879	0.000259
残差	10	1.4969	0.1497		
合計	13	9.3950			

ここで得られた残差の変動1.4969を，説明変数が要因Aと要因Bのときの残差平方和 $R(A, B)$ と表す。合計変動9.395は全平方和 SS_T である。また残差平方和の自由度は10である。

2元配置分散分析を行った場合，繰り返しの数が異なると，要因Aによる平方和，要因Bによる平方和，要因Aと要因Bの交互作用による平方和に偏りがでるので，それらを調整する方法が考えられている。要因Aによる調整済み平方和，要因Bによる調整済み平方和，要因AとBの交互作用による調整済み平方和を $SS_{A, adj}, SS_{B, adj}, SS_{AB, adj}$ とすると

$$SS_{A, adj} = R(B, AB) - R(A, B, AB)$$

10　分散分析

$$SS_{B,adj} = R(A, AB) - R(A, B, AB)$$
$$SS_{AB,adj} = R(A, B) - R(A, B, AB)$$

で与えられる。これらは第3種(type Ⅲ)の調整済み平方和とよばれ，以下のように得られる。

$$SS_{A,adj} = R(B, AB) - R(A, B, AB) = 6.5171 - 1.3833 = 5.1338$$
$$SS_{B,adj} = R(A, AB) - R(A, B, AB) = 4.9192 - 1.3833 = 3.5359$$
$$SS_{AB,adj} = R(A, B) - R(A, B, AB) = 1.4969 - 1.3833 = 0.1135$$

また，それぞれの対応する自由度は，2つの残差平方和の自由度の差で，それらは $9-8=1$，$10-8=2$，$10-8=2$ となる。調整済み平方和を対応する自由度で割った値が調整済み平均平方和である。それらは

$$MS_{A,adj} = 5.1338 \div 1 = 5.1338$$
$$MS_{B,adj} = 3.5359 \div 2 = 1.7680$$
$$MS_{AB,adj} = 0.1135 \div 2 = 0.0568$$

である。また残差平方和，$R(A, B, AB) = SS_E = 1.3833$ を，その自由度8で割った値を，残差の平均平方和 MS_E といい，$MS_E = 1.3833 \div 8 = 0.1729$ となる。したがって，要因A，要因B，および交互作用の分散比は

$$F_A = MS_{A,adj} \div MS_E = 5.1338 \div 0.1729 = 29.6892 \quad (分子の自由度1と分母の自由度8),$$
$$F_B = MS_{B,adj} \div MS_E = 1.7680 \div 0.1729 = 10.2243 \quad (分子の自由度2と分母の自由度8),$$
$$F_{AB} = MS_{AB,adj} \div MS_E = 0.0568 \div 0.1729 = 0.3283 \quad (分子の自由度2と分母の自由度8),$$

となる。エクセルでは f_x の箱の中に「= F. DIST. RT (x, 分子の自由度, 分母の自由度)」と入力すると，F(分子の自由度と分母の自由度)分布のxより大きな確率，p値，を求めることができる。要因A，要因B，および交互作用に対するp値は，それぞれ「= F. DIST. RT (29.6892, 1, 8)」，「= F. DIST. RT (10.2243, 2, 8)」，「= F. DIST. RT (0.3283, 2, 8)」と入力すると，0.0006，0.0063，0.7294と与えられる。以上をまとめ分散分析表を作ると以下のようになる。

2	分散分析表					
3	変動因	自由度	調整済み平方和	調整済み平均平方和	観測された分散比	p値
4	A	1	5.1338	5.1338	29.6892	0.0006
5	B	2	3.5359	1.7680	10.2243	0.0063
6	A*B	2	0.1135	0.0568	0.3283	0.7294
7	残差	8	1.3833	0.1729		
8	合計	13	9.3950			
9						

モデルは，以下のようである。

$$Y_{ijk} = \mu + \tau_i + \beta_j + (\tau\beta)_{ij} + \varepsilon_{ijk} \qquad \begin{array}{l} i = 1, 2 \\ j = 1, 2, 3 \\ k = 1, \cdots, n_{ij} \end{array}$$

ここで

Y_{ijk} は，要因Aの i 番目の水準，要因Bの j 番目の水準，k 番目の確率変数

y_{ijk} は，要因Aの i 番目の水準，要因Bの j 番目の水準，k 番目の観測値

μ は，母集団の総平均

τ_i は，要因 A，温度，の i 番目の水準による効果

β_j は，要因 B，圧力，の j 番目の水準による効果

$(\tau\beta)_{ij}$ は，温度の i 番目の水準と圧力の j 番目の水準による，交互作用の効果

ε_{ijk} は，温度の i 番目の水準，圧力の j 番目の水準，k 番目の誤差で，独立で，平均 0，すべての要因の水準の組み合わせに共通で未知の分散 σ^2 をもつ正規分布に従うと仮定する。

温度の主効果に対する仮説は，以下のようである。

H_0：$\tau_1 = \tau_2$　（温度の主効果がない）

H_1：$\tau_1 \neq \tau_2$　（温度の主効果がある）

有意水準を $\alpha = 0.05$ とすると，検定の規則は

(a)　p-値 $< \alpha$ であれば，帰無仮説 H_0 を棄却し，対立仮説 H_1 を採択する。

(b)　p-値 $\geq \alpha$ であれば，帰無仮説 H_0 を棄却しない。

で，分散分析表の p-値は $0.0006 < 0.05 =$ 有意水準より，有意水準5%で帰無仮説を棄却し，対立仮説を採択する。温度の主効果がある。従って温度を変えることにより，平均生産量が変わる。

圧力の主効果についての仮説は，以下のようである。

H_0：$\beta_1 = \beta_2 = \beta_3$　（圧力の主効果がない）

H_1：少なくとも一組の (i, j) について $\beta_i \neq \beta_j$　$(1 \leq i, j \leq 3)$（圧力の主効果がある）

有意水準を $\alpha = 0.05$ とすると，検定の規則は

(a)　p-値 $< \alpha$ であれば，帰無仮説 H_0 を棄却し，対立仮説 H_1 を採択する。

(b)　p-値 $\geq \alpha$ であれば，帰無仮説 H_0 を棄却しない。

で，分散分析表の p-値は $0.0063 < 0.05 =$ 有意水準より，有意水準5%で帰無仮説を棄却し，対立仮説を採択する。圧力の主効果がある。従って圧力を変えることにより，平均生産量が変わる。

温度と圧力の交互作用についての仮説は，以下のようである。

H_0：すべての (i, j) と (i', j') について $(\tau\beta)_{ij} = (\tau\beta)_{i'j'}$　$(1 \leq i, i' \leq 2; 1 \leq j, j' \leq 3)$

H_1：少なくとも一組の (i, j) と (i', j') について $(\tau\beta)_{ij} \neq (\tau\beta)_{i'j'}$　$(1 \leq i, i' \leq 2; 1 \leq j, j' \leq 3)$

有意水準を $\alpha = 0.05$ とすると，検定の規則は

(a)　p-値 $< \alpha$ であれば，帰無仮説 H_0 を棄却し，対立仮説 H_1 を採択する。

(b)　p-値 $\geq \alpha$ であれば，帰無仮説 H_0 を棄却しない。

で，分散分析表の p-値は $0.7294 > 0.05 =$ 有意水準より，有意水準5%で帰無仮説を棄却しない。従って，交互作用があるといえるほどの証拠はなかった。

この例題では二元配置分散分析で，少なくとも観測値の繰り返し数 n_{ij} の1つは1でない場合を取り扱ってきたが，二元配置分散分析で繰り返し実験を行わない場合，交互作用は推定できないので，主効果のみのモデルとなる。この場合調整済み平方和は

$$SS_{A,adj} = R(B) - R(A, B)$$

$$SS_{B,adj} = R(A) - R(A, B)$$

で与えられる。この方法は多元配置分散分析すべてに適用される。例えば要因がA, B, Cで一次の交互作用（二元交互作用），AB, AC, BC，二次の交互作用（三元交互作用），ABCの三元配置分散分析の場合，説明変数を二元配置分散分析と同様に定義する。要因A, B, Cによる第3種（type Ⅲ）の調整済み平方和，交互作用AB, AC, BC, ABCによる第3種（type Ⅲ）の調整済み平方和を $SS_{A,adj}, SS_{B,adj}, SS_{C,adj}, SS_{AB,adj}, SS_{AC,adj}, SS_{BC,adj}, SS_{ABC,adj}$ とすると

$$SS_{A,adj} = R(B, C, AB, AC, BC, ABC) - R(A, B, C, AB, AC, BC, ABC)$$

$$SS_{B,adj} = R(A, C, AB, AC, BC, ABC) - R(A, B, C, AB, AC, BC, ABC)$$

$$SS_{C,adj} = R(A, B, AB, AC, BC, ABC) - R(A, B, C, AB, AC, BC, ABC)$$

$$SS_{AB,adj} = R(A, B, C, AC, BC, ABC) - R(A, B, C, AB, AC, BC, ABC)$$

$$SS_{AC,adj} = R(A, B, C, AB, BC, ABC) - R(A, B, C, AB, AC, BC, ABC)$$

$$SS_{BC,adj} = R(A, B, C, AB, AC, ABC) - R(A, B, C, AB, AC, BC, ABC)$$

$$SS_{ABC,adj} = R(A, B, C, AB, AC, BC) - R(A, B, C, AB, AC, BC, ABC)$$

で与えられる。すべての繰り返し数が同じであるときは，これらの調整済み平方和が，平方和となる。例えば，$SS_{A,adj} = SS_A$ となる。

10-3 一元配置分散分析（対応がある場合）

一元配置法の問題において，同じ被験者のデータを要因の水準ごとに収集した場合，個体間の差を考えて被験者を要因の1つとして二元配置法の手法を用いて分散分析を行う。後者の要因をブロック要因とよぶ。ブロック要因とは，応答変数に影響を与える要因で，この要因を入れることにより，誤差の分散が小さくなる。しかし，どの水準の平均が大きいなどを，求める意味のない要因のことである。ブロック要因を導入することで，誤差の分散が小さくなり，治療間の違いを際立たせる目的がある。

モデルは

$$Y_{ij} = \mu + \tau_i + \beta_j + \varepsilon_{ij}, \quad (i=1,2,\cdots,a\,;\,j=1,2,\cdots,b)$$

ここで，

τ_i はブロック要因の i 番目の水準の効果で，すべて独立で $N(0, \sigma_\tau^2)$ に従い，被験者 τ_i は偶然選ばれたと仮定する。

β_j は主要因の j 番目の水準の効果で τ にはよらないもの，

ε_{ij} はブロック要因の i 番目の水準と主要因の j 番目の水準の誤差で，すべて独立で未知の分散 σ^2 をもつ $N(0, \sigma^2)$ に従うと仮定する。このようなモデルを一般線形混合モデルという。

例題

次は5人の患者 a, b, c, d, e に対して，ある薬物投与による心拍数を「投与前」，「1分後」，「5分後」，「10分後」と4回続けて測定したものである（人工データ）。薬物投与により平均心拍数は変化したかどうかを調べなさい。

	A	B	C	D	E	F
1						
2	時間経過	a	b	c	d	e
3	0	65	95	58	62	74
4	1	94	116	80	90	92
5	5	84	98	68	82	75
6	10	66	94	60	64	72

解

時間経過が一つの要因で一元配置法であるが，時間経過のデータに対応があるので，そのまま一元配置法を行ったのでは正しい判定ができない。対応を考慮した判定方法として，5人の患者を要因と考えて二元配置法で分析を行うとよい。5人の患者の要因のことをブロック要因とよぶ。EXCEL の分析ツールで「二元配置法（繰り返しのない場合）」を利用して分析を行ってみよう。

① この問題で与えられたように A2：F6 セル範囲に入力する。
② 「データ」->「データ分析」とクリックし，「分散分析：繰り返しのない二元配置」を選び「OK」をクリックする。

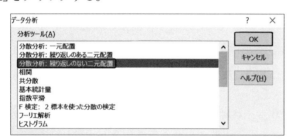

③ 「分散分析：繰り返しのない二元配置」の画面で，下図のように入力する。

A列と2行目も含めて選択したので「ラベル」欄にチェックを入れておく。出力先は同じ Sheet 内の A11 セルを起点とした。最後に「OK」をクリックする。

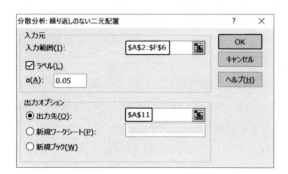

	変動要因	変動	自由度	分散	観測された分散比	P-値	F 境界値
26	分散分析表						
27	変動要因	変動	自由度	分散	観測された分散比	P-値	F 境界値
28	行	1850.95	3	616.9833	39.1115	1.79E-06	3.4903
29	列	2608.7	4	652.175	41.3423	6.32E-07	3.2592
30	誤差	189.3	12	15.775			
31							
32	合計	4648.95	19				
33							

以上で，二元配置法の分析結果が出力されるが，「行」は「時間経過」の主要因を，「列」はブロック要因を表すので，「行」の p-値だけを見ればよい．p-値は 1.8×10^{-6} である．

「時間経過」の主効果に対する仮説は，以下のようである．

$H_0: \beta_1 = \cdots = \beta_4$ （すべての平均心拍数は同じである．「時間経過」の主効果がない．）

$H_1:$ ある $i, j (1 \leq i < j \leq 4)$ について $\beta_i \neq \beta_j$ （少なくともある時間の平均心拍数は，別の時間の平均心拍数と異なる．「時間経過」の主効果がある．）

有意水準を $\alpha = 0.001$ とすると，検定の規則は

(a) p-値 $< \alpha$ であれば，帰無仮説 H_0 を棄却し，対立仮説 H_1 を採択する．

(b) p-値 $\geq \alpha$ であれば，帰無仮説 H_0 を棄却しない．

p-値 $= 1.8 \times 10^{-6}$ より有意水準 0.1% で時間の水準間に平均心拍数の差があることがわかる．判定を記号で表すときは[***]とする．

〔注意〕

通常，有意水準は1%から10%，特に5%が使われる．ただし帰無仮説を棄却することが，人間の生命などを脅かす恐れのある場合は，有意水準を0.1%のように，非常に小さくする場合がある．

例えば昔から長い間使われているA薬と，新しく開発されたB薬の効果の比較をする場合，帰無仮説としては，A薬の効果と，B薬の効果は同じである．

対立仮説は，B薬の効果のほうが，A薬の効果より高い．

の仮説を考える．

A薬は昔から使われており，それほど薬の効果がなくとも，安全性が確認されているので，帰無仮説が棄却できなくとも，人間の生命を極端に脅かす恐れはない．それに対し，B薬は新しい薬で，副作用については，今後10年以上の追跡調査が必要になる可能性がある．B薬のほうがA薬より効果が高いと判断される場合は，B薬がA薬に比べて，非常に効果がある場合，つまり，B薬のほうがA薬より効果が高いということが，高位に有意である場合のみ，帰無仮説を棄却する．

このように，帰無仮説を棄却しにくいようにするときのみ，有意水準を0.1%のように小さくとる．

各群の誤差は正規分布に従いかつ等分散でなければ，この解析を用いることはできない．正規性の検定は Kolmogorov-Smirnov（コルモゴルフ・スミルノフ）検定や Shapiro-Wilk（シャピロ・ウィルク）検定で確認し，等分散性については Bartlett（バートレット）の球面性の検定を行わなければならない．これらについては EXCEL 統計や EZR などのソフトウェアの使用を勧める．

10-4 演習問題

1. あるセメントの強度について実験した。セメントの強度に関しては4つの混合方法があり，現在のところこれらの方法が経済的にも有効とされている。実験を行い結果は，次の表に示された（人工データ）。

混合方法	セメントの強度(lb/in^2)			
1	3145	3105	2965	2875
2	3310	3405	3075	3250
3	2910	2925	2890	3150
4	2675	2715	2630	2865

一元配置分散分析を行い，以下の問に答えなさい。

(1) 分散分析のモデルをかきなさい。

(2) 混合方法の違いによって，セメントの強度の違いがあるか帰無仮説，H_0，と対立仮説，H_1，検定の規則をかき，検定しなさい。

(3) 今，それぞれの混合方法について4回ずつ実験を行う。実験の順序は，まず混合方法1について4回実験を行い，次に混合方法2について4回実験を行う。さらに混合方法3について4回実験を行う。最後に混合方法4について4回実験を行う。これはよい実験方法と思いますか，それとも悪い実験方法と思いますか。その理由も答えなさい。

2. Montgomery (1997), (Design and Analysis of Experiment, p.120参照) によると，ラドンの放出について，以下のデータが掲載されている。ラドンが豊富に含まれている水に6つの異なった口径を用い，ラドンの放出量を実験し，以下の表に結果がまとめられている。

口 径	ラドン放出量(%)			
0.37	80	83	83	85
0.51	75	75	79	79
0.71	74	73	76	77
1.02	67	72	74	74
1.40	62	62	67	69
1.99	60	61	64	66

異なった口径により，ラドンの平均放出量が異なるか，一元配置分散分析を行い，次の問いに答えなさい。

(1) 上の結果に対する，分散分析のモデルを書きなさい。

(2) 口径の違いによって，ラドンの放出量の違いがあるか帰無仮説 H_0，と対立仮説 H_1，検定の規則をかき，検定しなさい。

3． デジタルコンピュータのサーキットに4つのデザインが考えられている。これらの4つのデザインによってノイズの違いを調査した結果が，次の表に与えられている（人工データ）。

サーキットデザイン	観測されたノイズ				
1	17	25	18	31	12
2	78	63	67	57	82
3	48	31	27	41	53
4	89	57	73	81	98

(1) 上の結果に対する，分散分析のモデルをかきなさい。

(2) サーキットデザインの違いによって，ノイズの量の違いがあるか帰無仮説 H_0，と対立仮説 H_1，検定の規則をかき，検定しなさい。

4． Montgomery (1997)，Design and Analysis of Experiment，p.282に，ガラスの種類と蛍光体の種類によってテレビの明るさがどのように変わるか実験結果が掲載されている。ガラスの種類は2種類，蛍光体の種類は3種類で，それぞれ3回ずつ実験が繰り返され，ある特定の明るさを得るのに必要な電流（マイクロアンペアー）が観測された。

ガラスの種類	蛍光体の種類		
	1	2	3
1	280	300	290
	290	310	285
	285	295	290
2	230	260	220
	235	240	225
	240	235	230

(1) 上の結果に対する，分散分析のモデルを書きなさい。

(2) ガラス種類および蛍光体の種類の主効果があるか，さらに2つの要因の交互作用があるか帰無仮説 H_0，と対立仮説 H_1，検定の規則を書き，有意水準5%で検定しなさい。

5． 要因Aを2水準，要因Bを3水準である実験をし，得られた反応を人工的に作成し，表にしたところ以下のようになった。

要因A	要因B		
	1	2	3
1	277	659	241
	265	652	252
		667	
2	232	613	232
	226	605	226
	238		240

(1) 上の結果に対する，分散分析のモデルを書きなさい。

(2) 要因Aおよび要因Bの主効果があるか，さらに2つの要因の交互作用があるか帰無仮説，H_0，と対立仮説，H_1，検定の規則を書き，有意水準5%で検定しなさい。

6. 要因Aを3水準，要因Bを3水準である実験をし，得られた反応を人工的に作成し，表にしたところ以下のようになった。

要因A	要因B		
	1	2	3
1	14.2 13.5 11.8	16.2 17.5	19.4 21.5 18.8
2	20.4 21.1 19.6	23.9 23.5 21.1	21.8 19.8 22.1
3	17.0 16.2	20.9 21.2 23.9	15.7 14.2 18.6

(1) 上の結果に対する，分散分析のモデルを書きなさい。

(2) 要因Aおよび要因Bの主効果があるか，さらに2つの要因の交互作用があるか帰無仮説 H_0 と対立仮説 H_1，検定の規則を書き，有意水準5%で検定しなさい。

7. 以下は，6人の被験者に対して9：00，11：00，13：00の3回にわたり脈拍数を測定した結果である（人工データ）。平均脈拍数に時刻差がみられるか分析したい。

	A	B	C	D	E	F	G
1							
2	時刻＼個体	a	b	c	d	e	f
3	9:00	76	72	72	68	74	68
4	11:00	74	70	80	66	72	70
5	13:00	82	80	78	76	80	75
6							

時刻を主要因とし，被験者をブロック要因として二元配置分散分析法を行い，主要因の p-値を求めなさい。

8. 以下は，5人の野球選手に3社のバットA，B，Cでバッティングをしてもらい10球ずつ打って，それぞれのバットごとの平均飛距離を表にしたものである（人工データ）。

	A	B	C	D	E	F
1						
2		a	b	c	d	e
3	Aバット	80	90	84	88	91
4	Bバット	90	95	98	96	98
5	Cバット	83	88	91	88	83
6						

3社のバット間に母集団の平均飛距離の差があるか分析したい。バットの種類を主要因とし選手をブロック要因として二元配置分散分析法を行い，主要因の p-値を求めなさい。

11 適合度，独立性の検定

11-1 適合度の χ^2 検定

互いに排反な K 個の事象 $A_1, A_2, \cdots, A_K$ に分割された母集団において，各 $A_k (k=1, \cdots, K)$ が起こる確率を θ_k とする。大きさ N の標本を無作為抽出し，A_k の観測度数を O_k，その実現値を o_k とする。$(O_1, \cdots, O_K)$ は多項分布に従う。帰無仮説 H_0 と対立仮説 H_1 を次のように設定する。

H_0：各事象 $A_k (k=1, \cdots, K)$ が起こる確率 θ_k は π_k である $(0 < \pi_k < 1, \sum_{k=1}^{K} \pi_k = 1)$。

H_1：少なくとも一つの k に対して，$\theta_k \neq \pi_k$。

O_k の期待値 E_k は期待度数とよばれ，H_0 が正しいとき，E_k は $E_k = N\pi_k$ で $(k=1, \cdots, K)$ となる。また，観測度数と期待度数の乖離の程度を計る統計量 $X^2 = \sum_{k=1}^{K} \frac{(O_k - E_k)^2}{E_k}$ を導入すると，H_0 の下，N が十分大きいならば X^2 は近似的に自由度 $K-1$ の χ^2 分布に従う。

有意水準 α における検定の規則は，$X^2 = \sum_{k=1}^{K} \frac{(O_k - E_k)^2}{E_k}$ の実現値 x^2 を計算し，

(a) $x^2 > \chi^2_{\alpha, K-1}$ であれば帰無仮説を棄却し，対立仮説を採択する。

(b) $x^2 \leq \chi^2_{\alpha, K-1}$ であれば帰無仮説を棄却しない。

このように観測結果が想定した確率分布に適合しているかどうかの検定を，適合度の χ^2 検定という。

〔注意〕1 期待度数 E_k が5より小さい事象 A_k がある場合，χ^2 分布による近似はよくないので，いくつかの事象をまとめて，すべての期待度数 E_k が5以上になるようにする。

〔注意〕2 帰無仮説におけるが θ_k が特定の値でなく，$\theta_k = \pi_k(\beta)$ のように $m (< K-1)$ 次元のパラメタ β をもつ場合は，E_k が計算できない。このときは，H_0 の下で推定された β から定まる K 個の期待度数 $E_k = N\pi_k(\beta)$ の推定値を，E_k の代わりに用いて検定可能な場合がある。そのときは，自由度 $K-m-1$ の χ^2 分布を使用する。11-2の独立性の χ^2 検定 (2×2) では自由度は $K-m-1 = 4-2-1 = 1$ となる。χ^2 検定 $(r \times c)$ では，$m = r-1+c-1$ で，自由度は $K-m-1 = rc-(r-1+c-1)-1 = (r-1)(c-1)$ となる。β の推定量として，最尤推定量などが用いられる。

例題

メンデルの遺伝法則によればある種の花はその交配により A, B, C, D, 4種類の花が 9 : 3 : 3 : 1 で生ずるという。ある実験で A, B, C, D の数がそれぞれ 175, 58, 62, 25 個ずつ生じた（人工データ）。この結果がメンデルの遺伝法則に適合しているといえるか。有意水準5%で適合度の χ^2 検定をしなさい。

解

A, B, C, D の 4 種類の花の出現確率を $\theta_k (k=A, B, C, D)$ とするとき,帰無仮説と対立仮説は以下で与えられる。

$H_0: \theta_A = \dfrac{9}{16},\ \theta_B = \dfrac{3}{16},\ \theta_C = \dfrac{3}{16},\ \theta_D = \dfrac{1}{16}$

$H_1:$ 少なくとも 1 つの $\theta_k (k=A, B, C, D)$ は,帰無仮説の θ_k と異なる。

$9+3+3+1=16$ であるから,種類 A の期待度数は $320 \times 9/16 = 180$ である。種類 B の期待度数は $320 \times 3/16 = 60$ である。他も同様である。

〈EXCEL で計算〉

① 下の図のように入力する。

	A	B	C	D	E	F
1	適合度の検定					
2	種類	A	B	C	D	計
3	観測度数 O	175	58	62	25	320
4	H_0	9	3	3	1	16
5	期待度数 E	180	60	60	20	320

② F5 セルに $=320$ と入力する。(期待度数の合計値は観測度数のそれと同じ)

B5 セル:$=\$F5*B4/\$F4$

B5 セルをコピーして C5:E5 セル範囲に貼り付ける。

③ A6 セルに $(O-E)^2/E$ と入力する。

B6 セルに $=(B3-B5)\wedge 2/B5$ と入力しこれをコピーして C6:E6 セル範囲に貼り付ける。

F6 に $=\text{SUM}(B6:E6)$ と入力して,B6:E6 セル範囲の合計値を計算する(これが x^2 である)。

	A	B	C	D	E	F
1	適合度の検定					
2	種類	A	B	C	D	計
3	観測度数 O	175	58	62	25	320
4	H_0	9	3	3	1	16
5	期待度数 E	180	60	60	20	320
6	$(O-E)^2/E$	0.1388889	0.066667	0.0666667	1.25	1.522222222

④ E8 で $=F6$,E9 で $=\text{CHIINV}(0.05, 3)$ と入力し,x^2 と $\chi^2_{0.05, 3}$ を求める。

有意水準を 5% とすると,$\chi^2_{0.05, 4-1} = 7.815$ で $\displaystyle\sum_{k=1}^{4} \dfrac{(o_k - E_k)^2}{E_k} = 1.522$ である。

	D	E
8	$x^2 =$	1.522222222
9	$\chi^2_{0.05, 3} =$	7.814727903

検定の規則は
- (a) $x^2 > \chi^2_{0.05, 4-1}$ であれば帰無仮説を棄却し，対立仮説を採択する。
- (b) $x^2 \leq \chi^2_{0.05, 4-1}$ であれば帰無仮説を棄却しない。

$x^2 = 1.522 < 7.815$ より帰無仮説は棄却されない。A, B, C, D, 4種類の花が $9:3:3:1$ で生ずるという仮説に適合していることを棄却できない。

この検定の場合，帰無仮説のもとにおける $P(X^2 \geq x^2)$ の値を p-値(有意確率)という。p-値 $< \alpha$(有意水準) と H_0 が棄却され，H_1 が採択されることが同値になる。これを求めてみよう。=CHITEST(観察度数のセル範囲，期待度数のセル範囲) で求める。セル範囲には合計欄は含めない。すなわち，E10セルに =CHITEST(B3:E3, B5:E5) と入力すると

p-値 $= 0.677 \geq 0.05$ で H_0 は棄却されない。

p-値 = CHIDIST(x^2, 自由度) でも求められる。すなわち，= CHIDIST(E8, 3)。

	D	E
10	p-値 =	0.677151032

11-2 独立性の χ^2 検定

属性 A は男性と女性，属性 B は年齢が30歳以上と30歳未満のようにそれぞれの属性が2つのカテゴリーに分かれており，無作為に選ばれた人が，それぞれ対応するセルに入る確率が次の表に与えられたとする。

属性A \ 属性B	30歳以上	30歳未満	計
男性	θ_{11}	θ_{12}	$\theta_{1\bullet}$
女性	θ_{21}	θ_{22}	$\theta_{2\bullet}$
計	$\theta_{\bullet 1}$	$\theta_{\bullet 2}$	1

もし属性 A と属性 B が独立であれば $\theta_{ij} = \theta_{i\bullet} \theta_{\bullet j}$ $(i, j = 1, 2)$ となる。無作為に選ばれた N 人の人がそれぞれのセルに入る観測度数を確率変数 O_{ij} $(i, j = 1, 2)$ とすると，それらは以下の表にまとめられる。

属性A \ 属性B	30歳以上	30歳未満	計
男性	O_{11}	O_{12}	$O_{1\bullet}$
女性	O_{21}	O_{22}	$O_{2\bullet}$
計	$O_{\bullet 1}$	$O_{\bullet 2}$	$O_{\bullet\bullet} = N$

上の表を 2×2 の分割表という。ここで，$\sum_{j=1}^{2} O_{ij} = O_{i\bullet}$, $\sum_{i=1}^{2} O_{ij} = O_{\bullet j}$ とおいた。属性 A と属性 B が独立と仮定すると，O_{ij} に対応する期待度数 E_{ij} は $N\theta_{ij} = N\theta_{i\bullet}\theta_{\bullet j}$ で与えられ，推定量

$\hat{E}_{ij} = N\left(\dfrac{O_{i\bullet}}{N}\right)\left(\dfrac{O_{\bullet j}}{N}\right) = \dfrac{O_{i\bullet}O_{\bullet j}}{N}$ を用いて推定できる $(i,j=1,2)$。N が大きいとき $X^2 = \displaystyle\sum_{i,j}\dfrac{(O_{ij}-\hat{E}_{ij})^2}{\hat{E}_{ij}}$ は自由度1の χ^2 分布に近似的に従うことが知られている（注意2参照）。ただし，$\hat{E}_{ij}$ の実現値が5より小さいセルがある場合の χ^2 分布による近似はあまりよくない。

帰無仮説 H_0 と対立仮説 H_1 を以下のように与える。

$H_0 : \theta_{ij} = \theta_{i\bullet}\theta_{\bullet j}$ $(i,j=1,2)$（属性Aと属性Bは独立）

$H_1 :$ 少なくとも1つの i と j の組について $\theta_{ij} \neq \theta_{i\bullet}\theta_{\bullet j}$ （属性Aと属性Bは独立でない）

有意水準を α とし，$X^2 = \displaystyle\sum_{i,j}\dfrac{(O_{ij}-\hat{E}_{ij})^2}{\hat{E}_{ij}}$ の実現値 x^2 を計算する。検定の規則は

(a) $x^2 > \chi^2_{\alpha,1}$ であれば H_0 を棄却し，H_1 を採択する。

(b) $x^2 \leq \chi^2_{\alpha,1}$ であれば H_0 を棄却しない。

このように独立であるかどうかの検定を，独立性の χ^2 検定という。適合度の χ^2 検定の一種とみなせる。

例題

ある地域で無作為に選ばれた360人に対して，運動習慣と肥満度を調べた結果，以下の 2×2 の分割表データが得られた（人工データ）。運動習慣と肥満度は独立であるといえるか。有意水準5%で，独立性の χ^2 検定をしなさい。

運動習慣＼肥満度	肥満群 BMI ≥ 25 $(j=1)$	正常群 BMI < 25 $(j=2)$	計
運動習慣なし $(i=1)$	$o_{11}=73$	$o_{12}=164$	$o_{1\bullet}=237$
運動習慣あり $(i=2)$	$o_{21}=25$	$o_{22}=98$	$o_{2\bullet}=123$
計	$o_{\bullet 1}=98$	$o_{\bullet 2}=262$	$N=360$

それぞれのセルに入る観測度数の実現値を o_{ij} $(i,j=1,2)$ とし，$\displaystyle\sum_{j=1}^{2}o_{ij}=o_{i\bullet}$, $\displaystyle\sum_{i=1}^{2}o_{ij}=o_{\bullet j}$ とおいた。

解 帰無仮説と対立仮説は以下で与えられる。

H_0：運動習慣と肥満度は独立である。

H_1：運動習慣と肥満度は独立でない。

運動習慣と肥満度が独立と仮定すると，o_{ij} に対応する期待度数の推定値 $\hat{e}_{ij}$ は

$\hat{e}_{ij} = \dfrac{o_{i\bullet}o_{\bullet j}}{N}$ であった。例えば，運動習慣なし $(i=1)$ で，かつ肥満群 $(j=1)$ の期待度数の推定値は，

$\hat{e}_{11} = \dfrac{o_{1\bullet}o_{\bullet 1}}{N} = \dfrac{237 \times 98}{360} = 33.48$ となる。

〈EXCELで計算〉

① 右図のように入力する。

さらに，I15に237，I16に123，G17に98，H17に262，I17に360を入力する。

② 期待度数表を以下のように作成する。

G15セルの入力方法：＝$I15＊G$17/I17

これをコピーしてH15，G16，H16セルに貼り付ける。

	A	B	C	D
13	観察度数			
14		肥満群	正常群	計
15	運動習慣なし	73	164	237
16	運動習慣あり	25	98	123
17	計	98	262	360

	E	F	G	H	I
13		期待度数(推定値)			
14			肥満群	正常群	計
15		運動習慣なし	64.52	172.48	237
16		運動習慣あり	33.48	89.52	123
17		計	98	262	360
18					
19			1.11547834	0.417239991	
20			2.14933632	0.803950227	

③ x^2 の計算

G19セルに＝(B15−G15)^2/G15と入力し，コピーしてH19，G20，H20セル範囲に貼り付ける。B23セルに＝SUM(G19：H20)で合計を計算する。これが x^2 で，4.486である。

	A	B
23	$x^2=$	4.4860049
24	$\chi^2_{0.05,1}=$	3.8414588

④ B24セルに＝CHIINV(0.05,1)と入力すると，$\chi^2_{0.05,1}$ が3.841と求まる。

検定の規則は

(a) $x^2 > \chi^2_{0.05,1}$ であれば帰無仮説を棄却し，対立仮説を採択する。

(b) $x^2 \leq \chi^2_{0.05,1}$ であれば帰無仮説を棄却しない。

であり，$x^2 = 4.486 > 3.841 = \chi^2_{0.05,1}$ より，帰無仮説を棄却し，対立仮説を採択する。よって，有意水準5%で，運動習慣と肥満度は独立でないといえる。

この検定の場合，帰無仮説のもとにおける $P(X^2 \geq x^2)$ の値を p-値(有意確率)という。

p-値＜α(有意水準)と H_0 が棄却され，H_1 が採択されることが同値になる。これを求めてみよう。＝CHITEST(観察度数のセル範囲，期待度数のセル範囲)で求める。セル範囲には合計欄は含めない。すなわち，B25セルに＝CHITEST(B15：C16，G15：H16)と入力すると

p-値＝0.034＜0.05となり，有意水準5%で H_0 が棄却され，H_1 が採択される。

p-値は＝CHIDIST(x^2，自由度)でも求められる。すなわち，＝CHIDIST(B23,1)。

	A	B
25	p-値＝	0.0341735

これまでは，$i \times j = 2 \times 2$ の場合であったが，一般に $i \times j = r \times c$ のように，それぞれ r 個，c 個のカテゴリーに分けれらた属性Aと属性Bを考え，H_0：属性Aと属性Bは独立の下，N が十分大きいときに，次の X^2 は近似的に自由度 $(r-1)(c-1)$ の χ^2-分布に従う

$$X^2 = \sum_{i=1}^{r} \sum_{j=1}^{c} \frac{(O_{ij} - \hat{E}_{ij})^2}{\hat{E}_{ij}} = \sum_{i=1}^{r} \sum_{j=1}^{c} \frac{O_{ij}^2}{\hat{E}_{ij}} - N$$

と，$\chi^2_{0.05,(r-1)(c-1)}$ を用いて同様な検定が可能で

ある。$\hat{e}_{ij}$ が5未満のセルが全体の20パーセント以上を占めるときは（これが絶対的な基準ではなく，いろいろな基準が提唱されている），$r \times c$ 分割表における Fisher の直接確率法を用いる（Freeman and Halton (1951) 参照）。あるいは，基準に関係なく最初から Fisher の直接確率法を用いてもよい。$i \times j = 2 \times 2$ の場合は Yates の連続修正などの対処法もある。

「Yates の連続修正」 $$X^2_{adj} = \sum_{i=1}^{2}\sum_{j=1}^{2}\frac{(|O_{ij}-\hat{E}_{ij}|-0.5)^2}{\hat{E}_{ij}} = \frac{N(|O_{11}O_{22}-O_{12}O_{21}|-N/2)^2}{O_{1\bullet}O_{2\bullet}O_{\bullet 1}O_{\bullet 2}}$$

を採用する。ただし，$|O_{11}O_{22} - O_{12}O_{21}| - N/2 < 0$ の場合は $X^2_{adj} = 0$ とする。

実は，Yates の連続修正の右辺の分子の $-N/2$ の項を削除したものが前に定義した X^2 と一致する。

「Fisher の直接確率法（2×2 分割表の場合）」2×2 の分割表において観測度数の実現値が以下のように与えられているとする。ただし，$a \geq 0, b \geq 0, c \geq 0, d \geq 0$ とする。

属性A \ 属性B	B_1	B_2	計
A_1	a	b	$a+b$
A_2	c	d	$c+d$
計	$a+c$	$b+d$	$a+b+c+d=N$

<u>帰無仮説：属性 A と属性 B が独立</u>のもと，周辺度数が $a+b, c+d, a+c, b+d$ である条件のもとで，O_{11} が a かつ，O_{12} が b かつ，O_{21} が c かつ，O_{22} が d となる条件付確率

$$P(O_{11}=a,O_{12}=b,O_{21}=c,O_{22}=d | O_{1\bullet}=a+b,O_{2\bullet}=c+d,O_{\bullet 1}=a+c,O_{\bullet 2}=b+d)$$ を p_0 とおき，p_0 を求める。多項分布であることより，O_{11} が a かつ，O_{12} が b かつ，O_{21} が c かつ，O_{22} が d となる確率は

$$P(O_{11}=a,O_{12}=b,O_{21}=c,O_{22}=d) = \frac{N!(\theta_{1\bullet}\theta_{\bullet 1})^a(\theta_{1\bullet}\theta_{\bullet 2})^b(\theta_{2\bullet}\theta_{\bullet 1})^c(\theta_{2\bullet}\theta_{\bullet 2})^d}{a!b!c!d!}$$ となる。また，

$$P(O_{1\bullet}=a+b,O_{2\bullet}=c+d,O_{\bullet 1}=a+c,O_{\bullet 2}=b+d) = \frac{N!\theta_{1\bullet}^{a+b}\theta_{2\bullet}^{c+d}}{(a+b)!(c+d)!} \times \frac{N!\theta_{\bullet 1}^{a+c}\theta_{\bullet 2}^{b+d}}{(a+c)!(b+d)!}$$

よって，

$$P(O_{11}=a,O_{12}=b,O_{21}=c,O_{22}=d) = p_0 \times P(O_{1\bullet}=a+b,O_{2\bullet}=c+d,O_{\bullet 1}=a+c,O_{\bullet 2}=b+d)$$

であるから，$p_0 = \dfrac{(a+b)!(c+d)!(a+c)!(b+d)!}{N!a!b!c!d!}$ となる。

同じ周辺度数をもつ分割表をすべて列挙すると

属性A \ 属性B	B_1	B_2	計
A_1	$a-i$	$b+i$	$a+b$
A_2	$c+i$	$d-i$	$c+d$
計	$a+c$	$b+d$	$a+b+c+d=N$

となる。ただし i は $-\min(b,c) \leq i \leq \min(a,d)$ の範囲を動く。これに対して条件付確率
$$P(O_{11}=a-i, O_{12}=b+i, O_{21}=c+i, O_{22}=d-i | O_{1\bullet}=a+b, O_{2\bullet}=c+d, O_{\bullet 1}=a+c, O_{\bullet 2}=b+d)$$
を p_i とおくと，属性 A と属性 B が独立のもと

$$p_i = \frac{(a+b)!(c+d)!(a+c)!(b+d)!}{N!(a-i)!(b+i)!(c+i)!(d-i)!} \quad \text{となる。}$$

i を $-\min(b,c) \leq i \leq \min(a,d)$ の範囲で考え，p_i が p_0 以下となるすべての p_i の和を p-値として検定を行う（Fisher - Freeman - Halton 検定とよばれている）。

帰無仮説と対立仮説は以下で与えられる。

H_0：属性 A と属性 B は独立である。

H_1：属性 A と属性 B は独立でない。

有意水準を α とすると，検定の規則は

(a) p-値 $< \alpha$ であれば帰無仮説を棄却し，対立仮説を採択する。

(b) p-値 $\geq \alpha$ であれば帰無仮説を棄却しない。

例題

2個のサイコロ A と B を同時に21回投げて，それぞれの目の偶奇を調べたらつぎの 2×2－分割表のデータが得られた（人工データ）。A の目の偶奇と B の目の偶奇は独立であるといえるか。Fisher の直接確率法を用いて調べよ。ただし，有意水準は 5% とする。

A \ B	偶数	奇数
偶数	3	5
奇数	7	6

解 帰無仮説と対立仮説は以下で与えられる。

H_0：A の目の偶奇と B の目の偶奇は独立である。

H_1：A の目の偶奇と B の目の偶奇は独立でない。

$$p_0 = \frac{(3+5)!(7+6)!(3+7)!(5+6)!}{21!(3-0)!(5+0)!(7+0)!(6-0)!} = 0.27244582$$

$p_{-5} = 0.000221141$, $p_{-4} = 0.006486805$, $p_{-3} = 0.056759546$, $p_{-2} = 0.204334365$,

$p_{-1} = 0.340557276 (> p_0)$, $p_1 = 0.102167183$, $p_2 = 0.016217013$, $p_3 = 0.000810851$

よって，$p = p_{-5} + p_{-4} + p_{-3} + p_{-2} + p_0 + p_1 + p_2 + p_3 = 0.66$

有意水準を 0.05 とすると，検定の規則は

(a) p-値 < 0.05 であれば帰無仮説を棄却し，対立仮説を採択する。

(b) p-値 ≥ 0.05 であれば帰無仮説を棄却しない。

であり，p-値は 0.66 より，帰無仮説を棄却しない。有意水準 5% で A の目の偶奇と B の目の偶奇は独立であることを棄却できない。

11-3 演習問題

1. ある遺伝法則によると，3種類の遺伝子の対，AA, Aa, aa が 1：2：1 で生ずるという。ある実験で AA, Aa, aa がそれぞれ 55, 140, 45 個ずつ生じた（人工データ）。この結果が 1：2：1 で生ずるという遺伝法則に適合しているといえるか。有意水準 5% で適合度の χ^2 検定をしなさい。

種類	AA	Aa	aa	計
観測度数	55	140	45	240

2. 次の表はある大学で無作為に選ばれた 300 人に対して，主な契約携帯会社と所属学部の関連を調べたものである（人工データ）。両者は独立であるといえるか。有意水準 5% で，独立性の χ^2 検定をしなさい。

	工学部	教育学部	法学部	芸術学部	計
A 社	20	27	25	29	101
B 社	21	25	35	15	96
C 社	25	20	28	30	103
計	66	72	88	74	300

3. 次の表は 30 例の患者を新薬群またはプラセボ群に無作為化し，6 か月の追跡後の疾患の寛解の有無を調べたものである（人工データ）。薬剤の種類と寛解の有無は独立であるといえるか。有意水準 5% で，Fisher の直接確率法による独立性の検定をしなさい。

	寛解	非寛解	計
プラセボ群	7	9	16
新薬群	12	2	14
計	19	11	30

12 生存時間分析

12-1 Kaplan-Meier 生存時間の推定

〈追跡調査と表の作成方法〉
臨床研究において行われる患者の追跡調査は
① 最初の診断を受けたとき
② 患者の手術完了時
③ ある治療を始めたとき

などを始点とし、死亡時までまたは追跡不可能となったときまで行う。追跡不可能とは患者が転居などで行方がわからなくなった場合をいう。追跡に要した時間を生存時間とよび、単位としては、日、週、月、年などが採用される。例えば、時刻 t で死亡というときには、始点から測って t 日目、t 週目、t 月目、t 年目 などを意味する。

追跡調査を続けていくとき、以下の場合が考えられる。

(Case 1) 患者は時刻 t で死亡した。
(Case 2) 患者は時刻 t まで生存していたが、このあと追跡不可能となった。
(Case 3) 患者は時刻 t まで生存していたが、ここで追跡(臨床研究)を終了した。

ここで、(Case 1)の場合、生存時間 t と死亡を意味する記号 1 をペアとして

$$(t, 1)$$

と表す。(Case 2)または(Case 3)の場合は、追跡不可能または終了を意味する記号 0 を用いて

$$(t, 0)$$

と表す。(Case 2)または(Case 3)のような場合をセンサリング(censoring)または打ち切りという。

例題

16人の患者にある治療を続けて追跡調査を行った結果、次のような生存時間のデータを得た(単位:月、人工データ)。

(65, 1), (25, 0), (38, 1), (14, 1), (48, 1), (7, 1), (48, 1), (48, 0),
(38, 0), (58, 1), (48, 1), (58, 0), (72, 0), (38, 1), (58, 1), (14, 0)

上の調査データを表にまとめ、Kaplan-Meier の生存率を推定しなさい。さらに生存率の95%信頼区間を求め、推定された生存率を用い、生存率曲線を描きなさい。

解 「調査データを表にする方法」

生存時間に同じものがある場合、種類ごとにまとめて、時刻が小さい順に並べる。時刻

$t_1 < t_2 < \cdots t_n$ としたとき，各時刻 t_i における死亡者数 d_i と打ち切り数 c_i，時刻 t_i の直前の生存者数 s_i を調べて表にする。

生存時間	t_1	t_2	t_3	$\cdots$	t_n
打ち切り数	c_1	c_2	c_3		c_n
死亡者数	d_1	d_2	d_3		d_n
直前の生存者数	s_1	s_2	s_3		s_n

この例では，時間は小さい順に種類分けすると

$\quad 7 < 14 < 25 < 38 < 48 < 58 < 65 < 72$　である。

これに始まりの $t=0$ を追加して以下のような表を作る。

	A	B	C	D	E	F	G	H	I	J
1										
2	t_i	0	7	14	25	38	48	58	65	72
3	c_i	0	0	1	1	1	1	1	0	1
4	d_i	0	1	1	0	2	3	2	1	0
5	s_i	16	16	15	13	12	9	5	2	1
6										

〈Kaplan‐Meier の生存率推定量〉

時刻 t_{i-1} で全ての人が生存していると仮定したときの時刻 t_i における生存率（条件付き生存確率）の推定値は $1 - \dfrac{d_i}{s_i}$，で与えられる。時刻 $t=0$ のときは $d_0 = 0$，および $s_0 = s_1$ であるから t_0 における生存率の推定値は1である。これが7か月の直前まで続くと考える。7か月目における生存率の推定値は $1 - \dfrac{1}{16} = \dfrac{15}{16}$ である。これが14か月の直前まで続くと考える。14か月目における条件付き生存確率の推定値は15人追跡しているうち1人死亡しているので $1 - \dfrac{1}{15} = \dfrac{14}{15}$ である。したがって，14か月目における生存率の推定値は

$$\left(1 - \frac{1}{16}\right) \times \left(1 - \frac{1}{15}\right) = \frac{15}{16} \times \frac{14}{15} = 0.875$$

をいう。一般に時刻 t_j における生存率 $S(t)$ の推定値 $\hat{S}(t)$ は

$$(12.1) \quad \hat{S}(t) = \left(1 - \frac{d_0}{s_0}\right) \times \left(1 - \frac{d_1}{s_1}\right) \times \left(1 - \frac{d_2}{s_2}\right) \times \cdots \left(1 - \frac{d_j}{s_j}\right)$$

により与えられる。これが時刻 t_{j+1} の直前まで続くと考える。したがって，時間 t の範囲は

$$(12.2) \quad t_j \leq t < t_{j+1} \quad (j=0,1,2,\cdots,n)$$

である。ここでは $n=8$ である。初期値は $t_0 = 0$，t_9 は存在しないが便宜上考えて $t = t_8$ で終わりにする。この例題の各時間における生存率の推定値 $\hat{S}(t)$ を EXCEL で求めよう。

① 下図のように A6 セルに $S^{\wedge}(t)$ と入力して罫線を入れる。

	A	B	C	D	E	F	G	H	I	J
1										
2	t_i	0	7	14	25	38	48	58	65	72
3	c_i	0	0	1	1	1	1	1	0	1
4	d_i	0	1	1	0	2	3	2	1	0
5	s_i	16	16	15	13	12	9	5	2	1
6	$S^{\wedge}(t)$									

② B6セルには,$j=0$の場合,

すなわち$\hat{S}(t) = \left(1 - \dfrac{d_0}{s_0}\right)$により生存率を推定する。そこで,B6セルには

= 1 − B4/B5と入力すればよい。値は1になる。

③ 次に,C6セルには$j=1$の場合,すなわち$\hat{S}(t) = \left(1 - \dfrac{d_0}{s_0}\right) \times \left(1 - \dfrac{d_1}{s_1}\right)$により生存率を推定する。つまり,B6セルに計算した値($j=0$の場合の生存率)に1−C4/C5をかければよいから,C6セルには = B6*(1−C4/C5)と入力すればよい。以下,これを繰り返せばよいので,C6セルをコピーしてD6:J6セル範囲に貼り付ければよい。

以上で,生存率の推定が完成する。

	A	B	C	D	E	F	G	H	I	J
1										
2	t_i	0	7	14	25	38	48	58	65	72
3	c_i	0	0	1	1	1	1	1	0	1
4	d_i	0	1	1	0	2	3	2	1	0
5	s_i	16	16	15	13	12	9	5	2	1
6	$\hat{S}(t)$	1	0.9375	0.875	0.875	0.729167	0.486111	0.291667	0.145833	0.145833

追跡後(術後)6年経過時の生存率は約14.6%と推定される。5年後の生存率は,表の時刻にはないが$58 \leq t < 65$に60か月(5年)は入っているので,定義より約29.2%と推定される。センサーリングのみで死亡者がいなければ生存率の推定は変わらないことがわかる。

各区間$t_j \leq t < t_{j+1}$における生存率の推定値の標準誤差SE(Standard Error)は,次のグリーンウッド(Greenwood)の公式(1926)を用いて計算する。

$$(12.3) \qquad SE(\hat{S}(t)) = \hat{S}(t) \sqrt{\sum_{i=1}^{j} \dfrac{d_i}{s_i(s_i - d_i)}}$$

この値は生存率の推定値の散らばりの度合いを表す。

これを計算しよう。

① 以下のようにレイアウトを作る。

	A	B	C	D	E	F	G	H	I	J
1										
2	t_i	0	7	14	25	38	48	58	65	72
3	c_i	0	0	1	1	1	1	1	0	1
4	d_i	0	1	1	0	2	3	2	1	0
5	s_i	16	16	15	13	12	9	5	2	1
6	$\hat{S}(t)$	1	0.9375	0.875	0.875	0.729167	0.486111	0.291667	0.145833	0.145833
7	√の中身									
8	SE									

② B7セルに = B4/(B5*(B5−B4))と入力し,C7セルに = B7 + C4/(C5*(C5−C4))と入力し,C7セルをコピーしてD7:J7セル範囲に貼り付ける。

③ B8セルに = B6*SQRT(B7)と入力し,B8セルをコピーしてC8:J8セル範囲に貼り付ける。

	A	B	C	D	E	F	G	H	I	J
6	Ŝ(t)	1	0.9375	0.875	0.875	0.729167	0.486111	0.291667	0.145833	0.145833
7	√の中身	0	0.004167	0.008929	0.008929	0.025595	0.081151	0.214484	0.714484	0.714484
8	SE	0	0.060515	0.08268	0.08268	0.116656	0.138478	0.135078	0.123269	0.123269

〈生存率の95％信頼区間〉

信頼区間を推定するにはいくつかの方法があるが，正規分布による近似を使用すると，生存率の95％信頼区間（95％ CI）は

$$\text{生存率の推定値} \pm 1.96 \times \text{SE}(\hat{S}(t))$$

で推定される。また生存率を自然対数関数 log や log（-log）で変換して求めることが多い。ここでは，log（-log）で変換した場合について求めてみよう。関数の1次近似式として，固定した点 x_j の近くで

$$f(x) \fallingdotseq f(x_j) + f'(x_j)(x - x_j)$$

が成り立つことを用いる。とくに，$f(x) = \log(-\log x)$ とすれば

$$\log(-\log(x)) \fallingdotseq \log(-\log x_j) + \frac{(x - x_j)}{-x_j \log x_j}$$

である。X が確率変数のとき，分散の性質

$$\text{Var}(X + c) = \text{Var}(X), \quad \text{Var}(cX) = c^2 \text{Var}(X) \qquad (c \text{ は定数})$$

を用いれば

$$\text{Var}(\log(-\log X)) \fallingdotseq \frac{1}{(x_j \log x_j)^2} \text{Var}(X)$$

であるから，$X = \hat{S}(t)$，$x_j = \hat{S}(t_j)$ の場合を考えれば，時刻 $t = t_j$ における標準誤差は

(12.4) $\quad \text{SE}(\log(-\log \hat{S}(t))) \fallingdotseq \dfrac{1}{(-\hat{S}(t_j) \log \hat{S}(t_j))} \text{SE}(\hat{S}(t))$

と変換されることがわかる。log（-log）でデータを変換すると，正規分布で近似できることから，変換後の95％ CI は

$$\log(-\log \hat{S}(t_j)) \pm 1.96 \times \text{SE}(\log(-\log(\hat{S}(t_j))))$$

で与えられる。これに exp（-exp）を施して，生存率の95％ CI を求める。ここで

(12.5) $\quad E_j = \exp(1.96 \times \text{SE}(\log(-\log \hat{S}(t_j))))$

とおくと，時刻 $t = t_j$ における生存率の95％ CI は

(12.6) $\quad 95\% \text{ CI}: \left(\hat{S}(t_j)^{E_j}, \hat{S}(t_j)^{1/E_j}\right)$

となる。(12.4)～(12.6)を用いて EXCEL で生存率の95％ CI を計算しよう。

① まず変換後の標準誤差 SE を求めよう。A9セルに「変換後のSE」と入力し，C9セルに＝C8/（-C6*LN（C6））と入力後，C9セルをコピーして D9：J9 セル範囲に貼り付ける。

② E_j を求める。A10セルに「E_j」と入力し，C10セルに＝EXP（1.96*C9）と入力後，C10セルをコピーして D10：J10 セル範囲に貼り付ける。

③ 95％ CI を求める。A11：A12 セル範囲にセルの結合を行って「95％ CI」と入力する。

C11セル：＝C6^C10

C12セル：＝C6^(1/C10)

で求める。C11：C12セル範囲をコピーしてD11：J12セル範囲に貼り付ける。

以下のようになる。

	A	B	C	D	E	F	G	H	I	J
6	$\hat{S}(t)$	1	0.9375	0.875	0.875	0.729167	0.486111	0.291667	0.145833	0.145833
7	√の中身	0	0.004167	0.008929	0.008929	0.025595	0.081151	0.214484	0.714484	0.714484
8	SE	0	0.060515	0.08268	0.08268	0.116656	0.138478	0.135078	0.123269	0.123269
9	変換後のSE		1.000174	0.707632	0.707632	0.506518	0.39493	0.375869	0.439036	0.439036
10	E_i		7.101743	4.00266	4.00266	2.698712	2.168557	2.089036	2.364367	2.364367
11	95%CI		0.632335	0.585973	0.585973	0.426392	0.209251	0.076231	0.010545	0.010545
12			0.990953	0.96719	0.96719	0.889551	0.717038	0.55443	0.442952	0.442952

12-2　生存率曲線

$\hat{S}(t)$のグラフを生存率曲線という。散布図(直線)を用いて描くと折れ線グラフができるが，生存率曲線は定義より階段状のグラフになる。EXCELで階段状のグラフを描くにはひと工夫必要になる。

〈生存率曲線の描き方〉

① A2：J2セル範囲をドラッグして選択する。

	A	B	C	D	E	F	G	H	I	J
1										
2	t_i	0	7	14	25	38	48	58	65	72
3	c_i	0	0	1	1	1	1	1	0	1
4	d_i	0	1	1	0	2	3	2	1	0
5	s_i	16	16	15	13	12	9	5	2	1
6	$\hat{S}(t)$	1	0.9375	0.875	0.875	0.729167	0.486111	0.291667	0.145833	0.145833
7										

② Ctrlキーを押し，そのまま，A6：J6セル範囲をドラッグして選択する。

	A	B	C	D	E	F	G	H	I	J
1										
2	t_i	0	7	14	25	38	48	58	65	72
3	c_i	0	0	1	1	1	1	1	0	1
4	d_i	0	1	1	0	2	3	2	1	0
5	s_i	16	16	15	13	12	9	5	2	1
6	$\hat{S}(t)$	1	0.9375	0.875	0.875	0.729167	0.486111	0.291667	0.145833	0.145833
7										

③ ［挿入］⇒［散布図］⇒［散布図(直線)］と選び，グラフツールが出ている状態で［デザイン］
⇒［クイックレイアウト］⇒［レイアウト1］を選ぶ．軸ラベル名とタイトルを入力する．

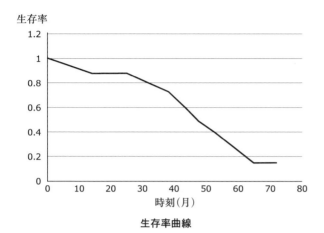

生存率曲線

④ 第6行目($S\hat{}(t)$の行)で生存率が下がっている箇所に着目する．まず，7か月目で生存率が
下がっているので，7か月の列全体を選択し［シートの列を挿入］を行う．

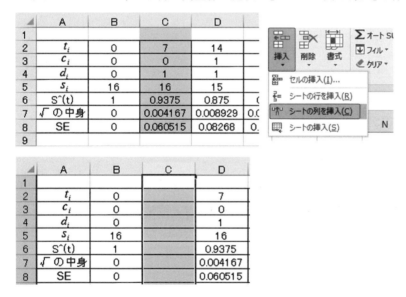

C2セルには＝D2，C6セルには＝B6
と入力する．すなわち，2行目は右隣の値を，6行目は左隣の値を入力する．この操作により，
階段が一つできる．

	A	B	C	D
1				
2	t_i	0	7	7
3	c_i	0		0
4	d_i	0		1
5	s_i	16		16
6	$S\hat{}(t)$	1	1	0.9375
7	√の中身	0		0.004167
8	SE	0		0.060515

12 生存時間分析

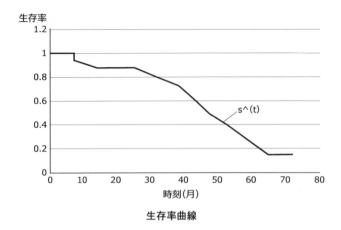

生存率曲線

この操作を生存率が下がっている列すべてに行う。14ヵ月, 38ヵ月, 48ヵ月, 58ヵ月, 65ヵ月についてこの操作を行うと次のようになる。これが生存率曲線である。

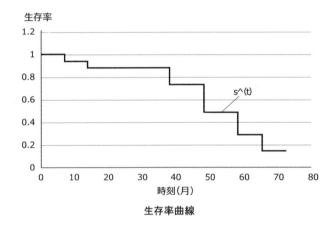

生存率曲線

「その他」散布図の折れ線の上で右クリックして［データ系列の書式設定］を選べば, 折れ線の色や太さを変更することができる。また, 横軸メモリ・縦軸メモリや目盛間隔などは［軸の書式設定］で行うことができる。例えば以下のようにできる。

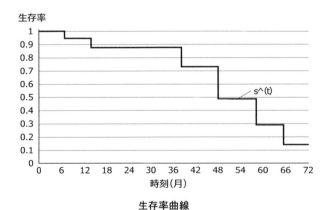

生存率曲線

12-3 ログランク検定と一般化 Wilcoxon 検定

2つの群AとBがあり，それぞれ生存関数の推定を行ったとする。群Aと群Bの生存率を比較して，生存関数が有意に異なるか議論するときには，それぞれの母集団の生存関数を比較しなければならない。そこで，それぞれの母集団の生存関数を $S_A(t)$, $S_B(t)$ で表すこととする。例えば，群Aの生存関数が群Bの生存関数と有意に異なるかを示したい場合には，帰無仮説と対立仮説を

$H_0 : S_A(t) = S_B(t)$ 　　（すべての時刻 t について）

$H_1 : S_A(t) \neq S_B(t)$ 　　（ある時刻 t について）

と設定する。これを検定する。

〈ログランク検定の方法〉

① 群Aと群Bのデータをとるときに，あらかじめ，観測時間を共通にとる。ただし，打ち切りまたは死亡の発生は同時に起きるとは限らないので時刻は両群の和集合にとる。

② 時刻 $t_i (i=1,2,\cdots,n)$ の死亡者数 d_i，生存者数 s_i を用いて次の2×2-表を作成する。ただし，群Aについて右上にAを付記し，群Bについては右上にBを付記して区別する：

	群A	群B	合計
死亡者数	d_i^A	d_i^B	$d_i^A + d_i^B$
生存者数 （時刻 t_i 直後）	$s_i^A - d_i^A$	$s_i^B - d_i^B$	$s_i^A + s_i^B - d_i^A - d_i^B$
合計 （時刻 t_i 直前）	s_i^A	s_i^B	$s_i^A + s_i^B$

これについて群Aの時刻 t_i における死亡者数の期待値 e_i および分散 v_i を

$$e_i = \frac{s_i^A(d_i^A + d_i^B)}{s_i^A + s_i^B}, \quad v_i = e_i \times \left(1 - \frac{d_i^A + d_i^B}{s_i^A + s_i^B}\right) \times \frac{s_i^B}{s_i^A + s_i^B - 1}$$

により計算する。最後の項の分母 $s_i^A + s_i^B - 1$ で -1 がなければ2項分布に基づいた分散の計算になるが，-1 があるのは有限修正とよばれるもので，超幾何分布に基づいて分散を計算していることになる。

③ 次の式で χ^2-値を計算し自由度1で χ^2-検定を行う。

$$\chi^2{}_{MH} = \frac{\left(\sum_{i=1}^n (d_i^A - e_i)\right)^2}{\sum_{i=1}^n v_i}$$

例題

打ち切りがない場合：A群とB群を24か月追跡調査した結果を表にしてある（人工データ）。B群とA群の生存関数が異なるか，有意水準5％で検定してみよう。

	A	B	C	D	E	F	G	H	I	J	K
1	打ち切りが無い場合(Logrank検定)										
2	時刻	t_i	3	6	9	12	15	18	21	24	計
3	A群	d_i	1	2	2	2	2	1	1	1	12
4		s_i	12	11	9	7	5	3	2	1	
5	B群	d_i	0	1	2	1	1	0	2	1	8
6		s_i	14	14	13	11	10	9	9	7	

① B8：B10セル範囲に右図のように入力する。ここで，d_i^A の代わりに d_i と書いている。

C列には

C8セル：＝C4*(C3+C5)/(C4+C6)

C9セル：＝C3−C8

C10セル：＝C8*(1−(C3+C5)/(C4+C6))*C6/(C4+C6−1)

	A	B
7		
8		e_i
9		d_i-e_i
10		v_i
11		

と入力する。C8：C10セル範囲をコピーしてD8：J10セル範囲に貼り付ける。

K列に8行〜10行の各行の合計を計算する。以下のようになる。

	A	B	C	D	E	F	G	H	I	J	K
7											計
8		e_i	0.461538	1.32	1.636364	1.166667	1	0.25	0.545455	0.25	6.630023
9		d_i-e_i	0.538462	0.68	0.363636	0.833333	1	0.75	0.454545	0.75	5.369977
10		v_i	0.248521	0.6776	0.828808	0.629085	0.571429	0.1875	0.357025	0.1875	3.687467

② ログランク検定統計量を計算する。

K13セル：＝K9^2/K10

$\chi^2_{MH} = 7.82018$ となる。K14セルに p-値を求める。

　　＝CHIDIST(K13, 1)

結果は以下のようであり，1%有意で[**]と表記される。

	J	K
7		計
8	0.25	6.63002331
9	0.75	5.36997669
10	0.1875	3.6874666
11		
12		
13	M-H χ^2	=K9^2/K10

	J	K
13	M-H χ^2	7.82017922
14	p-値	0.00516661

検定の規則は，

(a) p-値＜有意水準であれば，帰無仮説を棄却し対立仮説を採択する。

(b) p-値≧有意水準であれば，帰無仮説を棄却しない。

ここで p-値 $= 0.00517 < 0.05$ より，有意水準5%でA群とB群の生存関数に有意差が認められる。この方法は一般的にはログランク(logrank)検定と総称されるが，Mantel-Haenszel 検定ともいう。

別の方法として，一般化 Wilcoxon 検定という方法がある。これは時刻ごとに weight を付けて $d_i - e_i$ と v_i を計算する方法である。weight を付加したものを以下で定める。

$$D_i - E_i = w_i \times (d_i - e_i), \quad V_i = w_i^2 \times v_i$$

ここで各時刻 t_i における weight w_i は

$$w_i = s_i^A + s_i^B$$

で定義する。そして一般化 Wilcoxon 検定統計量は

$$\chi_W^2 = \frac{\left(\sum_{i=1}^n (D_i - E_i)\right)^2}{\sum_{i=1}^n V_i}$$

により計算する。これを求めてみよう。

「一般化 Wilcoxon 検定手順」

① 右図のように入力する。C列に

C17セル：= (C4 + C6) * C9

C18セル：= (C4 + C6)^2 * C10

	A	B
16		
17	weight付き	$D_i - E_i$
18	weight付き	V_i
19		

と入力する。C17:C18セル範囲をコピーしてD17:J18セル範囲に貼り付ける。K列に17行と18行の合計を計算する。以下のようになる：

	A	B	C	D	E	F	G	H	I	J	K
16											計
17	weight付き	D_i-E_i	14	17	8	15	15	9	5	6	89
18	weight付き	V_i	168	423.5	401.1429	203.8235	128.5714	27	43.2	12	1407.238
19											

② 一般化 Wilcoxon 検定統計量を計算する。

K21セル：= K17^2/K18

$\chi_W^2 = 5.628757$ となる。これについて p-値を求めると以下のようになる。

	I	J	K
21	一般化Wilcoxon χ^2		=K17^2/K18

	I	J	K
21	一般化Wilcoxon χ^2		5.62875721
22		p-値	0.01766815

有意水準5%でA群とB群の生存関数は有意に異なる。

〈ログランク検定と一般化Wilcoxon検定の比較〉

一般化Wilcoxon検定はweightの付け方からわかるように，追跡調査の初期で死亡者が出ることに重きが置かれているため，初期の段階で死亡者数に差が出ている場合は有意差が出やすい。一方で，ログランク検定では追跡調査の終盤での死亡者数の差が比較的大きく評価されるため，終盤で死亡者数に差が出ている場合に有意差が出やすい。

〈打ち切りがある場合〉

打ち切りがある場合，s_i^Aとs_i^Bが途中で変わってくるが，χ^2検定統計量の計算方法は同じである。

12-4 コックス回帰分析

2群の生存率の比較において，生存率曲線がほぼ平行になっていたりする場合で生存の情報の他に時間とは独立な情報である性別・年齢・飲酒・脳卒中などの共変量を含むものをコックス比例ハザードモデルとよんで回帰分析を行うことができる。これをコックス回帰分析とよぶ。

共変量 $x_1, x_2, \cdots, x_n$ があるときに

$h_0(t)$：基準となる瞬間死亡率

$h(t; x_1, x_2, \cdots, x_n)$：共変量を考慮した瞬間死亡率

とすると，比例ハザードモデルとは

$$h(t; x_1, x_2, \cdots, x_n) = h_0(t) \times \exp(a_1 x_1 + a_2 x_2 + \cdots + a_n x_n)$$

と書ける場合をいう。検定は回帰分析と同様に各係数$a_i, (i=1,2,\cdots, n)$，が0でないかどうかを判定する。帰無仮説$H_0: a_i = 0$を検定してp-値が0.05未満であれば有意水準5％で帰無仮説を棄却し，対立仮説$H_1: a_i \neq 0$を採択する。すなわち，共変量x_iは瞬間死亡確率密度に寄与していることが示されたことになる。逆に，p-値が0.05を超えていて帰無仮説が棄却できない場合は，共変量x_iは瞬間死亡率に寄与していないのでモデル式から削除する。そしてモデル式に残った共変量を改めて$x_1, x_2, \cdots, x_k$で表すと

$$h(t; x_1, x_2, \cdots, x_k) = h_0(t) \times \exp(a_1 x_1 + a_2 x_2 + \cdots + a_k x_k)$$

が得られる。

〈瞬間死亡変化率と生存関数との関係式〉

最初の追跡人数をN人とするとき，時刻tから$t+\varDelta t$の間の単位時間当たりの死亡者の変化率は

$$\frac{N \times S(t) - N \times S(t+\varDelta t)}{\varDelta t}$$

と表せるので，時刻 t における死亡変化率 $h(t)$ は

$$h(t) = \lim_{\Delta t \to 0} \frac{\frac{N \times S(t) - N \times S(t+\Delta t)}{\Delta t}}{N \times S(t)} = \frac{1}{S(t)} \times \lim_{\Delta t \to 0} \frac{S(t) - S(t+\Delta t)}{\Delta t} = -\frac{S'(t)}{S(t)}$$

これは1階の線形微分方程式であるから簡単に解けて

$$S(t) = S(0) \times \exp\left(-\int_0^t h(u) du\right)$$

通常，$t=0$ で $S(0) = 1$ であるから，共変量を考慮して，けっきょく

$$S(t) = \exp\left(-\int_0^t h(u; x_1, x_2, \cdots, x_n) du\right) = \exp\left(-\exp(a_1 x_1 + a_2 x_2 + \cdots + a_n x_n) \int_0^t h_0(u) du\right)$$

という関係式を得る。

> 例題

下図は，喫煙あり群と喫煙なし群でマッチングをして生存時間分析を行った結果である（人工データ）。喫煙を共変量としてコックス比例ハザード分析を行ってみよう。

	A	B	C	D	E	F	G	H	I	J	K
1	時刻	t_i	0	3	6	9	12	15	18	21	24
2		c_i	0	0	1	0	0	0	1	0	0
3	喫煙あり	d_i	0	2	2	3	3	5	5	5	2
4		s_i	29	29	27	24	21	18	13	7	2
5		S^(t)	1	0.93103	0.86207	0.75431	0.64655	0.46695	0.28736	0.0821	0
6		c_i	0	0	0	2	0	0	1	2	1
7	喫煙なし	d_i	0	0	1	1	2	0	2	4	2
8		s_i	18	18	18	17	14	12	12	9	3
9		S^(t)	1	1	0.94444	0.88889	0.7619	0.7619	0.63492	0.35273	0.11758

> 解

X を共変量として，喫煙ありは $x=1$，喫煙なしは $x=0$ とする。生存率のコックス比例ハザードモデルで $\log(-\log(S(t)))$ を求めると

$$\log(-\log(S(t))) = ax + \log\left(\int_0^t h_0(u) du\right)$$

となる。このモデルでは，喫煙あり・なしの違いは時間経過に無関係であるので，喫煙あり群と喫煙なし群で $\log(-\log(S(t)))$ のグラフを描くと平行になっていなければならない。そこで，比例ハザード性を検証するには，$\log(-\log(S(t)))$ のグラフを描くことが重要である。比例ハザード性が成りたっている場合

$$e^a$$

を比例ハザード比とよぶ。$a=0$ かどうかを検定する必要がある。喫煙あり群と喫煙なし群とで生存率に有意差があるかどうか調べる。$a \neq 0$ がわかれば生存率に喫煙が影響を与えていることがわかる。EXCEL では近似値を求めることはできるが，より正確な近似値を求めるには

統計用のソフトウェアを用いることを勧める。

分析には，10-4で述べたEZRを用いるか，EXCEL統計を用いるのがよい。結果だけ述べると推定された比例ハザード比：2.283，比例ハザード比の95% CI：1.098〜4.747，p-値：0.02716となる。すなわち，喫煙が生存率に影響を与えていることがわかる。

12-5 演習問題

1. Sheet1の20行以下を用いて，以下の16人のデータ（人工データ）

   (58, 0), (14, 1), (38, 0), (7, 1), (48, 1), (7, 1), (48, 1), (58, 1), (25, 1), (65, 1), (48, 1), (58, 0), (38, 0), (72, 0), (65, 1), (72, 1)

   について，
   (1) 12-1の例と同じく表を作りKaplan-Meierの推定法で生存率の推定および標準誤差を求めなさい。
   (2) 生存率曲線を描きなさい。
   (3) 全ての時刻について生存率の95%信頼区間(95% CI)を求めなさい。

2. 1の生存率曲線を12-1の例で作成したグラフに追加して描きなさい。追加する系列名（凡例の名前）は「生存率 $S\hat{}2\_(t)$」とする。

3. A群とB群を24か月追跡調査したところ，打ち切りがある場合の結果をが得られた（人工データ）。2つの生存関数が同じか，あるいは異なるか検定しなさい。これについて，ログランク検定および一般化Wilcoxon検定を行い，それぞれp-値を求めなさい。

	A	B	C	D	E	F	G	H	I	J	K
25	打ち切りがある場合										
26	時刻	t_i	3	6	9	12	15	18	21	24	計
27	A群	c_i	0	0	0	1	0	0	0	0	
28		d_i	1	2	2	2	2	1	1	0	11
29		s_i	12	11	9	7	4	2	1	0	
30	B群	c_i	0	0	1	0	1	0	0	0	
31		d_i	0	1	2	1	1	0	2	1	8
32		s_i	14	14	13	10	9	7	7	5	

4. 3.のデータについて，A群とB群それぞれについて，生存率と標準誤差を求めなさい。また，両群の生存率曲線を同時に描画しなさい。さらに図のタイトルを「生存率曲線の比較」，凡例の名前を「A群 $S\hat{}(t)$」，「B群 $S\hat{}(t)$」としなさい。

13 「演習問題」の解説と解答

13-1 基礎知識 —— 1-4 演習問題　　　　問題 p. 14

1. **母集団**（調査した10分間のみが興味の対象のとき）
   標 本（調査した10分間のみでなく，過去も未来も興味の対象であるとき）
2. **標 本**（無作為にデータを抽出しているので，これがすべてのデータではない）
3. **標 本**（無作為にデータを抽出しているので，これがすべてのデータではない）
4. **標 本**（無作為にデータを抽出しているので，これがすべてのデータではない）
   梨A，Bともに平均値と中央値はかなり近い値であるので，比較的左右対称に近いデータである。梨Bは，梨Aに比較し，平均値も標準偏差も大きいので，全体的にBのほうが大きく，散らばり方もBのほうが散らばっている。
5. **標 本**（無作為にデータを抽出しているので，これがすべてのデータではない）
   午前，午後ともに平均値は中央値よりかなり大きい値であるので，データは小さい値のほうに集中しており，かなり大きな値が少しある。つまり正のほうにいびつにひっぱられている。午後の通話時間のほうが，午前9時00分から9時30分に比較し，平均値も標準偏差も大きいので，全体的に午後1時00分から1時30分までの通話時間のほうが長く，散らばり方も午後1時00分から1時30分までのときのほうが散らばっている。

	A	B	C	D	E	F	G	H
1		自動車の数	通話時間	ボールベアリング	梨A	梨B	午前通話時間	午後通話時間
2		5	3.1	8.04	283	290	1.3	5.2
3		3	1.2	7.98	266	277	0.2	0.4
4		6	9.1	7.89	274	296	1.2	8.4
5		4	0.7	7.93	284	304	0.5	2.4
6		6	3	8.03	285	311	6.8	14.2
7		2	1	7.96	281	298	2.3	0.3
8		4	0.7	8.09	290	278	0.1	2
9		5	1.9	7.91	270	290	0.7	6.3
10		4	4.8	7.76	275	330		
11		6	0.1		301	296		
12			0.4					
13			1.3					
14			0.4					
15			3.8					
16			0.9					
17	平均値	4.5	2.16	7.9544	280.9	297	1.6375	4.9
18	不偏分散より得られた標準偏差	1.3540	2.3721	0.0979	10.2247	15.6205	2.2039	4.7338
19	不偏分散	1.8333	5.6269	0.0096	104.5444	244.0000	4.8570	22.4086
20	中央値	4.5	1.2	7.96	282	296	0.95	3.8
21	範囲				35	53	6.7	13.9
22	母集団の標準偏差	1.2845						
23	母集団の分散	1.65						

13-2 統計的推論 — 4-2 演習問題

1.

	A	B	C	D
1	2.3	374	4.02	0
2	3.2	316	3.97	0
3	5.3	287	3.99	0
4	4.2	387	4.03	0
5	1.8	346	4.01	0
6	6.3	288	4.03	0
7	4.6	325		0
8	5.1	342		0
9	3.4	334		0
10	6.2	312		0
11	3.1			0
12	4.8			0
13				
14	演習問題1	演習問題2	演習問題3	

	A	B	C
1	t-検定: 一対の標本による平均の検定ツール		
2			
3		変数1	変数2
4	平均	4.1917	0
5	分散	2.1063	0
6	観測数	12	12
7	ピアソン相関	#DIV/0!	
8	仮説平均との差異	0	
9	自由度	11	
10	t	10.0050	
11	P(T<=t) 片側	3.68E-07	
12	t 境界値 片側	1.7959	
13	P(T<=t) 両側	7.36E-07	
14	t 境界値 両側	2.200985	

$$\left(\bar{x}-t_{\frac{1}{2}\alpha,n-1}\frac{s}{\sqrt{n}},\ \bar{x}+t_{\frac{1}{2}\alpha,n-1}\frac{s}{\sqrt{n}}\right)=\left(4.1917-2.200985\times\frac{\sqrt{2.106}}{\sqrt{12}},\ 4.19+2.200985\times\frac{\sqrt{2.106}}{\sqrt{12}}\right)$$
$$=(3.2696,\ 5.1138)$$

母集団の平均 μ の95％近似信頼区間は(3.2696, 5.1138)，または母集団の平均 μ は，およそ95％の確率で3.2696と5.1138の間にある。

2.

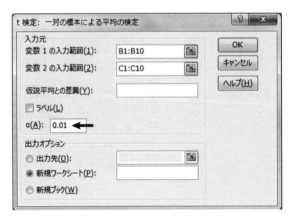

	A	B	C
1	t-検定: 一対の標本による平均の検定ツール		
2			
3		変数1	変数2
4	平均	331.1	0
5	分散	1082.989	0
6	観測数	10	10
7	ピアソン相関	#DIV/0!	
8	仮説平均との差異	0	
9	自由度	9	
10	t	31.81612	
11	P(T<=t) 片側	7.35E-11	
12	t 境界値 片側	2.821438	
13	P(T<=t) 両側	1.47E-10	
14	t 境界値 両側	3.249836	

$$\left(\bar{x}-t_{\frac{1}{2}\alpha,n-1}\frac{s}{\sqrt{n}},\ \bar{x}+t_{\frac{1}{2}\alpha,n-1}\frac{s}{\sqrt{n}}\right)=\left(331.1-3.249836\times\frac{\sqrt{1082.989}}{\sqrt{10}},\ 331.1+3.249836\times\frac{\sqrt{1082.989}}{\sqrt{10}}\right)$$
$$=(297.3,\ 364.9)$$

母集団の平均 μ の99％信頼区間は(297.3, 364.9)，または母集団の平均 μ は99％の確率で297.3と364.9の間にある。

3.

	A	B	C	D
1	2.3	374	4.02	0
2	3.2	316	3.97	0
3	5.3	287	3.99	0
4	4.2	387	4.03	0
5	1.8	346	4.01	0
6	6.3	288	4.03	0
7	4.6	325		0
8	5.1	342		0
9	3.4	334		0
10	6.2	312		0
11	3.1			0
12	4.8			0
13				
14	演習問題1	演習問題2	演習問題3	

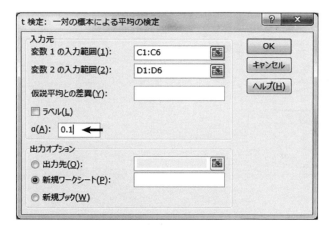

	A	B	C
1	t-検定: 一対の標本による平均の検定ツール		
2			
3		変数1	変数2
4	平均	4.0083	0
5	分散	0.000577	0
6	観測数	6	6
7	ピアソン相関	#DIV/0!	
8	仮説平均との差異	0	
9	自由度	5	
10	t	408.8623	
11	P(T<=t) 片側	8.31E-13	
12	t 境界値 片側	1.475884	
13	P(T<=t) 両側	1.66E-12	
14	t 境界値 両側	2.015048	

$$\left(\overline{x} - t_{\frac{1}{2}\alpha, n-1}\frac{s}{\sqrt{n}},\ \overline{x} + t_{\frac{1}{2}\alpha, n-1}\frac{s}{\sqrt{n}}\right)$$

$$= \left(4.0083 - 2.015048 \times \frac{\sqrt{0.000577}}{\sqrt{6}},\ 4.0083 + 2.015048 \times \frac{\sqrt{0.000577}}{\sqrt{6}}\right) = (3.989, 4.028)$$

母集団の平均 μ の90％信頼区間は(3.989, 4.028)，または母集団の平均 μ は90％の確率で3.989と4.028の間にある。

13-3 統計的仮説検定 —— 5-2 演習問題　　問題 p. 38

1. (1) 「μ が 4 である」の否定は，「μ が 4 でない」となる．したがって，帰無仮説と対立仮説は，次のようにかける．[仮説 $\mu = 4$ には等号「$=$」が含まれているので，帰無仮説である．]

$H_0 : \mu = 4$

$H_1 : \mu \neq 4$

ここでは，有意水準 $\alpha = 0.05$ を選択する．

下の結果より，p-値は 0.6562249 ($P(T \leq t)$ 両側) である．

検定の規則は

(a) p-値 $<$ 有意水準であれば，H_0 を棄却し，H_1 を採択する．

(b) p-値 $\geq$ 有意水準であれば，H_0 を棄却しない．

であり，p-値 $= 0.6562249 >$ 有意水準 $= 0.05$ であるから H_0 を棄却しない．つまり，有意水準 5% で母集団の平均は 4 でないといえるほどの証拠はない．

	A	B	C
1	t-検定: 一対の標本による平均の検定ツール		
2			
3		変数 1	変数 2
4	平均	4.19166667	0
5	分散	2.1062879	0
6	観測数	12	12
7	ピアソン相関	#DIV/0!	
8	仮説平均との差異	4	
9	自由度	11	
10	t	0.4574866	
11	P(T<=t) 片側	0.3281125	
12	t 境界値 片側	1.7958848	
13	P(T<=t) 両側	0.6562249	
14	t 境界値 両側	2.2009852	

(2) 「μ が 3.5 より小さい」の否定は，「μ は 3.5 以上」となる．したがって，帰無仮説と対立仮説は，次のようにかける．[仮説 $\mu \geq 3.5$ には等号「$=$」が含まれているので，帰無仮説である．帰無仮説は，つねに等号を含む．]

$H_0 : \mu \geq 3.5$

$H_1 : \mu < 3.5$

ここでは，有意水準 0.01 を選択する．

下の結果より，平均 $= \bar{x} = 4.19166667 > 3.5$ で，対立仮説が $\mu < 3.5$ であるから，両者の不等式の関係が逆である．したがって p-値は $1 - 0.06349224 = 0.9350776$ ($P(T \leq t)$ 片側) である．

検定の規則は

(a) p-値 $<$ 有意水準であれば，H_0 を棄却し，H_1 を採択する．

(b) p-値 $\geq$ 有意水準であれば，H_0 を棄却しない．

であり，p-値 $= 0.9350776 >$ 有意水準 $= 0.01$ であるから H_0 を棄却しない．つまり，有意水準

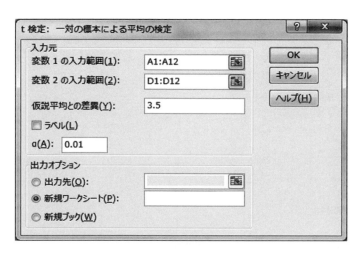

1％で母集団の平均は3.5より小さいといえるほどの証拠はない。

2．(1) 「μが350である」の否定は，「μが350でない」となる。したがって，帰無仮説と対立仮説は，次のようにかける。[仮説$\mu = 350$には等号「＝」が含まれているので，帰無仮説である。]

$H_0 : \mu = 350$

$H_1 : \mu \neq 350$

ここでは，有意水準$\alpha = 0.05$を選択する。

下の結果より，p-値は$0.10273 (P(T \leq t)$両側$)$である。

検定の規則は

(a) p-値＜有意水準であれば，H_0を棄却し，H_1を採択する。

(b) p-値≧有意水準であれば，H_0を棄却しない。

であり，p-値$= 0.10273 >$有意水準$= 0.05$であるからH_0を棄却しない。つまり，有意水準5％で母集団の平均は350でないといえるほどの証拠はない。

(2) 「μが350以上である」の否定は，「μが350より小さい」となる。したがって，帰無仮説と対立仮説は，次のようにかける。[仮説$\mu \geq 350$には等号「＝」が含まれているので，帰無仮

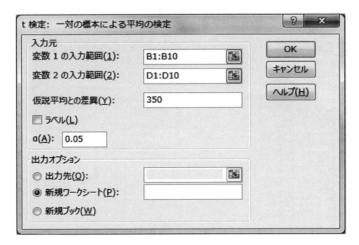

説である。]

$H_0: \mu \geq 350$　　　（$\mu = 350$ とかいてもよい）

$H_1: \mu < 350$

ここでは，有意水準 $\alpha = 0.10$ を選択する。

上の結果より，平均 $= \bar{x} = 331.1 < 350$ で，対立仮説は $\mu < 350$ である。したがって，両者の不等式の関係が同じである。したがって p-値は 0.051365（$P(T \leq t)$ 片側）である。

検定の規則は

(a) p-値＜有意水準であれば，H_0 を棄却し，H_1 を採択する。

(b) p-値≧有意水準であれば，H_0 を棄却しない。

であり，p-値 = 0.051365 ＜有意水準 = 0.1 であるから H_0 を棄却する。つまり，有意水準 10 ％で母集団の平均は 350 より小さいといえる。

3．(1) 「μ が 4 である」の否定は，「μ が 4 でない」となる。したがって，帰無仮説と対立仮説は，次のようにかける。[仮説 $\mu = 4$ には等号「=」が含まれているので，帰無仮説である。]

$H_0 : \mu = 4$

$H_1 : \mu \neq 4$

ここでは，有意水準 $\alpha = 0.05$ を選択する。

下の結果より，p-値は 0.434116 ($P(T \leq t)$ 両側)である。

検定の規則は

(a) p-値＜有意水準であれば，H_0 を棄却し，H_1 を採択する。

(b) p-値≧有意水準であれば，H_0 を棄却しない。

であり，p-値 = 0.434116 ＞有意水準 = 0.05 であるから H_0 を棄却しない。つまり，有意水準 5 ％で母集団の平均は 4 でないといえるほどの証拠はない。

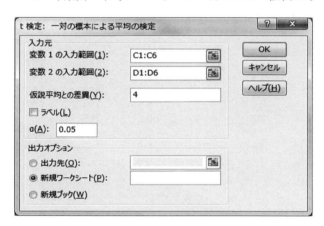

(2) 「μ が 4.01 より小さい」の否定は，「μ が 4.01 以上」となる。したがって，帰無仮説と対立仮説は，次のようにかける。[仮説 $\mu \geq 4.01$ には等号「=」が含まれているので，帰無仮説である。]

$H_0 : \mu \geq 4.01$ （$\mu = 4.01$ とかいてもよい）

$H_1 : \mu < 4.01$

ここでは，有意水準 $\alpha = 0.05$ を選択する。

下の結果より，$\bar{x} = 4.008333 < 4.01$ で，対立仮説は $\mu < 4.01$ である。したがって，両者の不等式の関係は同じである。したがって，p-値は 0.435835 ($P(T \leq t)$ 片側)である。

検定の規則は

(a) p-値＜有意水準であれば，H_0 を棄却し，H_1 を採択する。

(b) p-値≥有意水準であれば，H_0 を棄却しない。

であり，p-値 = 0.435835 ＞有意水準 = 0.05 であるから H_0 を棄却しない。つまり，有意水準5％で母集団の平均は4.01より小さいといえるほどの証拠はない。

	A	B	C
1	t-検定: 一対の標本による平均の検定ツール		
2			
3		変数 1	変数 2
4	平均	4.008333	0
5	分散	0.000577	0
6	観測数	6	6
7	ピアソン相関	#DIV/0!	
8	仮説平均との差異	4.01	
9	自由度	5	
10	t	-0.17001	
11	P(T<=t) 片側	0.435835	
12	t 境界値 片側	2.015048	
13	P(T<=t) 両側	0.871671	
14	t 境界値 両側	2.570582	

13-4　2つの母集団に対する統計的推論 ── 6-3 演習問題解答　問題 p. 56

1．(1) この演習問題で使用されたデータ

	A	B	C	D	E	F	G	H
1	615	330	6.6	9.3	21	8.3	167	157
2	620	322	7.6	7.4	23.8	9.4	170	148
3	613	336	6.1	7.1	20.3	7.6	178	160
4	641	370	6.7	8.6	23.7	9.5	174	162
5	645	387	8.4	8.5	21.9	8.5	165	153
6	603	320	8.2	9.5	22.9	9.4	176	155
7			6.9	7.4	23.5	9.3	159	145
8			5.7	7.4	24.7	10		
9					20.9	8.4		

下の結果より，次のように求められる。

$$\left(\overline{x}_{ホルスタイン}-\overline{x}_{ジャージー}-t境界値両側\times\sqrt{\frac{1}{観測数1}+\frac{1}{観測数2}}\times\sqrt{プールされた分散},\right.$$

$$\left.\overline{x}_{ホルスタイン}-\overline{x}_{ジャージー}+t境界値両側\times\sqrt{\frac{1}{観測数1}+\frac{1}{観測数2}}\times\sqrt{プールされた分散}\right)$$

$$=\left(622.833-344.167-2.228139\times\sqrt{\frac{1}{6}+\frac{1}{6}}\times\sqrt{522.5667},\right.$$

$$\left.622.833-344.167+2.228139\times\sqrt{\frac{1}{6}+\frac{1}{6}}\times\sqrt{522.5667}\right)$$

$$=(249.259, 308.073)$$

$\mu_{ホルスタイン}-\mu_{ジャージー}$ の約95％の信頼区間は(249.259, 308.073)である。これは次のようにもかける。約0.95の確率で，249.259＜$\mu_{ホルスタイン}-\mu_{ジャージー}$＜308.073である。

[Excelダイアログ「t 検定: 等分散を仮定した 2 標本による検定」]
- 変数 1 の入力範囲(1): A1:A6
- 変数 2 の入力範囲(2): B1:B6
- 仮説平均との差異(Y): 310
- α(A): 0.05

[Excel出力結果]

	A	B	C
1	t-検定: 等分散を仮定した2標本による検定		
2			
3		変数 1	変数 2
4	平均	622.8333	344.1667
5	分散	276.1667	768.9667
6	観測数	6	6
7	プールされた分散	522.5667	
8	仮説平均との差異	310	
9	自由度	10	
10	t	-2.37409	
11	P(T<=t) 片側	0.019502	
12	t 境界値 片側	1.812461	
13	P(T<=t) 両側	0.039004	
14	t 境界値 両側	2.228139	

(2) 仮説 $\mu_{ホルスタイン} = \mu_{ジャージー} + 310$ には等号「=」が含まれているので,帰無仮説であり,「$\mu_{ホルスタイン} = \mu_{ジャージー} + 310$」の否定は,「$\mu_{ホルスタイン} \neq \mu_{ジャージー} + 310$」となる。したがって,帰無仮説と対立仮説は,次のようにかける。

$H_0 : \mu_{ホルスタイン} = \mu_{ジャージー} + 310$

$H_1 : \mu_{ホルスタイン} \neq \mu_{ジャージー} + 310$

上の結果より,p-値は 0.039004($P(T \leq t)$ 両側)である。

検定の規則は

(a) p-値＜有意水準であれば,H_0 を棄却し,H_1 を採択する。

(b) p-値≧有意水準であれば,H_0 を棄却しない。

であり,p-値 $= 0.039004 <$ 有意水準 $= 0.05$ であるから有意水準 5% で H_0 を棄却し,H_1 を採択する。つまり,有意水準 5% で母平均 $\mu_{ホルスタイン}$ と母平均 $\mu_{ジャージー} + 310$ は異なるといえる。

(3) 仮説 $\mu_{ホルスタイン} = \mu_{ジャージー} + 250$ には等号「=」が含まれているので,帰無仮説であり,「$\mu_{ホルスタイン} = \mu_{ジャージー} + 250$」の否定は,「$\mu_{ホルスタイン} \neq \mu_{ジャージー} + 250$」となる。したがって,帰無仮説と対立仮説は,次のようにかける。

$H_0 : \mu_{ホルスタイン} = \mu_{ジャージー} + 250$

$H_1 : \mu_{ホルスタイン} \neq \mu_{ジャージー} + 250$

下の結果より，p-値は $0.054981 (P(T \leq t)$ 両側$)$ である。

検定の規則は

(a) p-値＜有意水準であれば，H_0 を棄却し，H_1 を採択する。

(b) p-値≧有意水準であれば，H_0 を棄却しない。

であり，p-値 $= 0.054981 >$ 有意水準 $= 0.01$ であるから H_0 を棄却しない。つまり，有意水準1％で $\mu_{ホルスタイン}$ と $\mu_{ジャージー} + 250$ は異なるといえるほどの証拠はない。

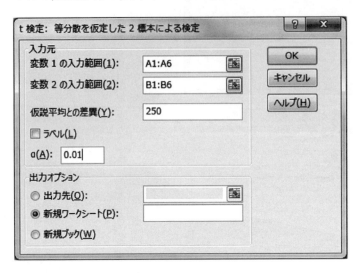

(4) 下の結果より，次のように求められる。

$$\left(\overline{x}_{ホルスタイン} - \overline{x}_{ジャージー} - t 境界値両側 \times \sqrt{\frac{分散1}{観測数1} + \frac{分散2}{観測数2}}, \right.$$

$$\left. \overline{x}_{ホルスタイン} - \overline{x}_{ジャージー} + t 境界値両側 \times \sqrt{\frac{分散1}{観測数1} + \frac{分散2}{観測数2}} \right)$$

$$= \left(622.833 - 344.167 - 2.306004 \times \sqrt{\frac{276.1667}{6} + \frac{768.9667}{6}}, \right.$$

$$\left. 622.833 - 344.167 + 2.306004 \times \sqrt{\frac{276.1667}{6} + \frac{768.9667}{6}} \right)$$

$$= (248.232, 309.101)$$

$\mu_{ホルスタイン} - \mu_{ジャージー}$ の約 95％ の信頼区間は $(248.232, 309.101)$ である。これは次のようにもかける。約 0.95 の確率で，$248.232 < \mu_{ホルスタイン} - \mu_{ジャージー} < 309.101$ である。

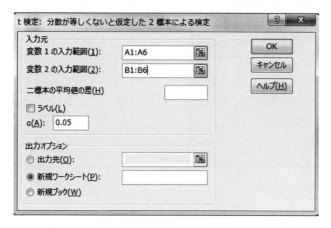

(5) 仮説 $\mu_{ホルスタイン} = \mu_{ジャージー} + 250$ には等号「＝」が含まれているので，帰無仮説であり，「$\mu_{ホルスタイン} = \mu_{ジャージー} + 250$」の否定は，「$\mu_{ホルスタイン} \neq \mu_{ジャージー} + 250$」となる。したがって，帰無仮説と対立仮説は，次のようにかける。

$H_0 : \mu_{ホルスタイン} = \mu_{ジャージー} + 250$

$H_1 : \mu_{ホルスタイン} \neq \mu_{ジャージー} + 250$

下の結果より，p-値は $0.061623 (P(T \leq t)$ 両側) である。

検定の規則は

(a) p-値＜有意水準であれば，H_0 を棄却し，H_1 を採択する。

(b) p-値≧有意水準であれば，H_0 を棄却しない。

であり，p-値 = 0.061623 ＞ 有意水準 = 0.01 であるから H_0 を棄却しない。つまり，有意水準 1％ で $\mu_{ホルスタイン}$ と $\mu_{ジャージー} + 250$ は異なるといえるほどの証拠はない。

	A	B	C	D
1	t-検定: 分散が等しくないと仮定した2標本による検定			
2				
3		変数 1	変数 2	
4	平均	622.8333	344.1667	
5	分散	276.1667	768.9667	
6	観測数	6	6	
7	仮説平均との差異	250		
8	自由度	8		
9	t	2.172036		
10	P(T<=t) 片側	0.030811		
11	t 境界値 片側	2.896459		
12	P(T<=t) 両側	0.061623		
13	t 境界値 両側	3.355387		

2．(1) この演習問題で使用されたデータ

	A	B	C	D	E	F	G	H
1	615	330	6.6	9.3	21	8.3	167	157
2	620	322	7.6	7.4	23.8	9.4	170	148
3	613	336	6.1	7.1	20.3	7.6	178	160
4	641	370	6.7	8.6	23.7	9.5	174	162
5	645	387	8.4	8.5	21.9	8.5	165	153
6	603	320	8.2	9.5	22.9	9.4	176	155
7			6.9	7.4	23.5	9.3	159	145
8			5.7	7.4	24.7	10		
9					20.9	8.4		

下の結果より，次のように求められる．

$$\left(\overline{x}_{バージカラー}-\overline{x}_{バージニカ}-t境界値両側\times\sqrt{\frac{1}{観測数1}+\frac{1}{観測数2}}\times\sqrt{プールされた分散},\right.$$
$$\left.\overline{x}_{バージカラー}-\overline{x}_{バージニカ}+t境界値両側\times\sqrt{\frac{1}{観測数1}+\frac{1}{観測数2}}\times\sqrt{プールされた分散}\right)$$
$$=\left(7.025-8.15-2.144787\times\sqrt{\frac{1}{8}+\frac{1}{8}}\times\sqrt{0.9125},\right.$$
$$\left.7.025-8.15+2.144787\times\sqrt{\frac{1}{8}+\frac{1}{8}}\times\sqrt{0.9125}\right)$$
$$=(-2.149,-0.101)$$

$\mu_{バージカラー} - \mu_{バージニカ}$ の約 95％ の信頼区間は $(-2.149, -0.101)$ である。これは次のようにもかける。約 0.95 の確率で，$-2.149 < \mu_{バージカラー} - \mu_{バージニカ} < -0.101$ である。

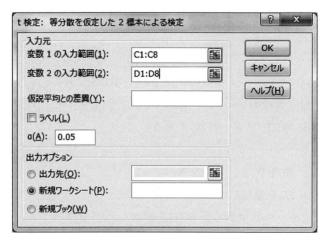

(2) 仮説 $\mu_{バージカラー} = \mu_{バージニカ}$ には等号「$=$」が含まれているので，帰無仮説であり，

「$\mu_{バージカラー} = \mu_{バージニカ}$」の否定は，「$\mu_{バージカラー} \neq \mu_{バージニカ}$」となる。したがって，帰無仮説と対立仮説は，次のようにかける。

$H_0 : \mu_{バージカラー} = \mu_{バージニカ}$

$H_1 : \mu_{バージカラー} \neq \mu_{バージニカ}$

上の結果より，p-値は $0.033615 (P(T \leq t)$ 両側$)$ である。

検定の規則は

(a) p-値 $<$ 有意水準であれば，H_0 を棄却し，H_1 を採択する。

(b) p-値 $\geq$ 有意水準であれば，H_0 を棄却しない。

であり，p-値 $= 0.033615 <$ 有意水準 $= 0.05$ であるから H_0 を棄却し，H_1 を採択する。つまり，有意水準 5% で $\mu_{バージカラー}$ と $\mu_{バージニカ}$ は異なるといえる。

(3) 仮説「$\mu_{バージカラー} < \mu_{バージニカ}$」の否定は「$\mu_{バージカラー} \geqq \mu_{バージニカ}$」で，$\mu_{バージカラー} \geqq \mu_{バージニカ}$には等号「＝」が含まれているので，帰無仮説である。したがって，帰無仮説と対立仮説は，次のようにかける。

$H_0 : \mu_{バージカラー} \geqq \mu_{バージニカ}$

$H_1 : \mu_{バージカラー} < \mu_{バージニカ}$

上の結果(2. (1))より，$\bar{x}_{バージカラー} - \bar{x}_{バージニカ} = 7.025 - 8.15 = -1.125$である。つまり $\bar{x}_{バージカラー} < \bar{x}_{バージニカ}$で，対立仮説も$\mu_{バージカラー} < \mu_{バージニカ}$で，両者の不等式の関係が同じである。したがって$p$-値は$0.016808(P(T \leq t)$片側$)$である。

検定の規則は

(a) p-値＜有意水準であれば，H_0を棄却し，H_1を採択する。

(b) p-値≧有意水準であれば，H_0を棄却しない。

であり，p-値 $= 0.016808 <$ 有意水準 $= 0.05$ であるからH_0を棄却し，H_1を採択する。つまり，有意水準5%で母集団の母平均$\mu_{バージカラー}$は，母平均$\mu_{バージニカ}$より小さいといえる。

(4) 下の結果より，次のように求められる。

$$\left(\bar{x}_{バージカラー} - \bar{x}_{バージニカ} - t_{境界値両側} \times \sqrt{\frac{分散1}{観測数1} + \frac{分散2}{観測数2}}, \right.$$

$$\left. \bar{x}_{バージカラー} - \bar{x}_{バージニカ} + t_{境界値両側} \times \sqrt{\frac{分散1}{観測数1} + \frac{分散2}{観測数2}} \right)$$

$$= \left(7.025 - 8.15 - 2.144787 \times \sqrt{\frac{0.930714}{8} + \frac{0.894286}{8}}, \right.$$

$$\left. 7.025 - 8.15 + 2.144787 \times \sqrt{\frac{0.930714}{8} + \frac{0.894286}{8}} \right) = (-2.149, -0.101)$$

$\mu_{バージカラー} - \mu_{バージニカ}$の約95%の信頼区間は$(-2.149, -0.101)$である。これは次のようにもかける。約0.95の確率で，$-2.149 < \mu_{バージカラー} - \mu_{バージニカ} < -0.101$である。

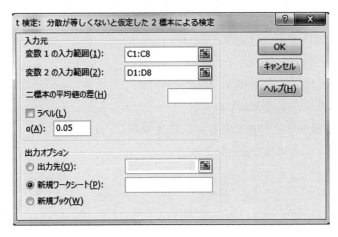

	A	B	C	D
1	t-検定: 分散が等しくないと仮定した2標本による検定			
2				
3		変数 1	変数 2	
4	平均	7.025	8.15	
5	分散	0.930714	0.894286	
6	観測数	8	8	
7	仮説平均との差異	0		
8	自由度	14		
9	t	−2.35541		
10	P(T<=t) 片側	0.016808		
11	t 境界値 片側	1.76131		
12	P(T<=t) 両側	0.033615		
13	t 境界値 両側	2.144787		

(5) 仮説 $\mu_{バージカラー} = \mu_{バージニカ}$ には等号「=」が含まれているので，帰無仮説であり，「$\mu_{バージカラー} = \mu_{バージニカ}$」の否定は，「$\mu_{バージカラー} \neq \mu_{バージニカ}$」となる。したがって，帰無仮説と対立仮説は，次のようにかける。

$H_0 : \mu_{バージカラー} = \mu_{バージニカ}$

$H_1 : \mu_{バージカラー} \neq \mu_{バージニカ}$

上の結果より，p-値は $0.033615 (P(T \leq t)$ 両側) である。

検定の規則は

 (a) p-値＜有意水準であれば，H_0 を棄却し，H_1 を採択する。

 (b) p-値≧有意水準であれば，H_0 を棄却しない。

であり，p-値 = 0.033615 ＜有意水準 = 0.05 であるから H_0 を棄却し，H_1 を採択する。つまり，有意水準5%で $\mu_{バージカラー}$ と $\mu_{バージニカ}$ は異なるといえる。

(6) 仮説「$\mu_{バージカラー} < \mu_{バージニカ}$」の否定は「$\mu_{バージカラー} \geq \mu_{バージニカ}$」で，$\mu_{バージカラー} \geq \mu_{バージニカ}$ には等号「=」が含まれているので，帰無仮説である。したがって，帰無仮説と対立仮説は，次のようにかける。

$H_0 : \mu_{バージカラー} \geq \mu_{バージニカ}$

$H_1 : \mu_{バージカラー} < \mu_{バージニカ}$

上の結果(2. (1))より，$\bar{x}_{バージカラー} - \bar{x}_{バージニカ} = 7.025 - 8.15 = -1.125$ である。つまり $\bar{x}_{バージカラー} < \bar{x}_{バージニカ}$ で，対立仮説も $\mu_{バージカラー} < \mu_{バージニカ}$ で，両者の不等式の関係が同じである。したがって p-値は $0.016808 (P(T \leq t)$ 片側) である。

検定の規則は

 (a) p-値＜有意水準であれば，H_0 を棄却し，H_1 を採択する。

 (b) p-値≧有意水準であれば，H_0 を棄却しない。

であり，p-値 = 0.016808 ＜有意水準 = 0.05 であるから H_0 を棄却し，H_1 を採択する。つまり，有意水準5%で $\mu_{バージカラー}$ は $\mu_{バージニカ}$ より小さいといえる。

3. (1) 仮説 $\mu_1 = \mu_2 + 13$ には等号「=」が含まれているので，帰無仮説であり，「$\mu_1 = \mu_2 + 13$」の否定は，「$\mu_1 \neq \mu_2 + 13$」となる。したがって，帰無仮説と対立仮説は，次のようにかける。

$H_0 : \mu_1 = \mu_2 + 13$

$H_1 : \mu_1 \neq \mu_2 + 13$

有意水準を5％とする。

下の結果より，p-値は0.064711（$P(T \leq t)$両側）である。

検定の規則は

(a) p-値＜有意水準であれば，H_0を棄却し，H_1を採択する。

(b) p-値≧有意水準であれば，H_0を棄却しない。

であり，p-値＝0.064711＞有意水準＝0.05であるからH_0を棄却しない。つまり，有意水準5％でμ_1と$\mu_2 + 13$は異なるといえるほどの証拠はない。

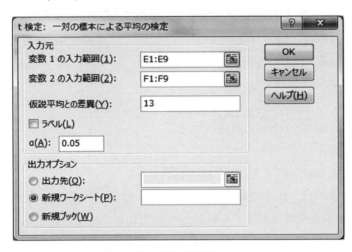

	A	B	C
1	t-検定: 一対の標本による平均の検定ツール		
2			
3		変数1	変数2
4	平均	22.52222	8.933333
5	分散	2.391944	0.585
6	観測数	9	9
7	ピアソン相関	0.970414	
8	仮説平均との差異	13	
9	自由度	8	
10	t	2.14065	
11	P(T<=t) 片側	0.032355	
12	t 境界値 片側	1.859548	
13	P(T<=t) 両側	0.064711	
14	t 境界値 両側	2.306004	

この演習問題で使用されたデータ

	A	B	C	D	E	F	G	H
1	615	330	6.6	9.3	21	8.3	167	157
2	620	322	7.6	7.4	23.8	9.4	170	148
3	613	336	6.1	7.1	20.3	7.6	178	160
4	641	370	6.7	8.6	23.7	9.5	174	162
5	645	387	8.4	8.5	21.9	8.5	165	153
6	603	320	8.2	9.5	22.9	9.4	176	155
7			6.9	7.4	23.5	9.3	159	145
8			5.7	7.4	24.7	10		
9					20.9	8.4		

(2) 仮説「$\mu_1 < \mu_2 + 15$」の否定は「$\mu_1 \geqq \mu_2 + 15$」で，「$\mu_1 \geqq \mu_2 + 15$」には等号「$=$」が含まれているので，帰無仮説である．したがって，帰無仮説と対立仮説は，次のようにかける．

$H_0: \mu_1 \geqq \mu_2 + 15$

$H_1: \mu_1 < \mu_2 + 15$

下の結果より，$\bar{x}_1 - \bar{x}_2 - 15 = 22.5222 - 8.9333 - 15 = -1.411112$である．つまり $\bar{x}_1 < \bar{x}_2 + 15$で，対立仮説も$\mu_1 < \mu_2 + 15$で，両者の不等式の関係が同じである．したがって p-値は0.000448($P(T \leqq t)$片側)である．

検定の規則は

(a) p-値＜有意水準であれば，H_0を棄却し，H_1を採択する．

(b) p-値≧有意水準であれば，H_0を棄却しない．

であり，p-値$= 0.000448$＜有意水準$= 0.05$であるからH_0を棄却し，H_1を採択する．つまり，有意水準5%でμ_1は$\mu_2 + 15$より小さいといえる．

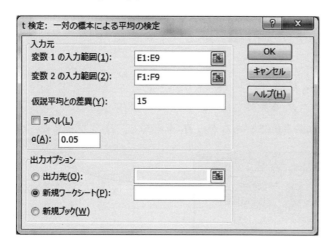

4．(1) この演習問題で使用されたデータ

	A	B	C	D	E	F	G	H
1	615	330	6.6	9.3	21	8.3	167	157
2	620	322	7.6	7.4	23.8	9.4	170	148
3	613	336	6.1	7.1	20.3	7.6	178	160
4	641	370	6.7	8.6	23.7	9.5	174	162
5	645	387	8.4	8.5	21.9	8.5	165	153
6	603	320	8.2	9.5	22.9	9.4	176	155
7			6.9	7.4	23.5	9.3	159	145
8			5.7	7.4	24.7	10		
9					20.9	8.4		

仮説 $\mu_1 = \mu_2 + 20$ には等号「=」が含まれているので，帰無仮説であり，「$\mu_1 = \mu_2 + 20$」の否定は，「$\mu_1 \ne \mu_2 + 20$」となる．したがって，帰無仮説と対立仮説は，次のようにかける．

$H_0 : \mu_1 = \mu_2 + 20$

$H_1 : \mu_1 \ne \mu_2 + 20$

有意水準を5%とする．

下の結果より，p-値は 0.048878 ($P(T \le t)$ 両側) である．

検定の規則は

(a) p-値 < 有意水準であれば，H_0 を棄却し，H_1 を採択する．

(b) p-値 ≧ 有意水準であれば，H_0 を棄却しない．

であり，p-値 = 0.048878 < 有意水準 = 0.05 であるから H_0 を棄却し，H_1 を採択する．つまり，

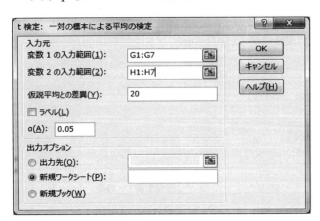

有意水準5%でμ_1とμ_2+20は異なるといえる。

(2) 仮説「$\mu_1 > \mu_2 + 15$」の否定は「$\mu_1 \leq \mu_2 + 15$」で，「$\mu_1 \leq \mu_2 + 15$」には等号「=」が含まれているので，帰無仮説である。したがって，帰無仮説と対立仮説は，次のようにかける。

$H_0 : \mu_1 \leq \mu_2 + 15$

$H_1 : \mu_1 > \mu_2 + 15$

下の結果より，$\bar{x}_1 - \bar{x}_2 - 15 = 169.8571 - 154.2857 - 15 = 0.571412$である。つまり$\bar{x}_1 > \bar{x}_2 + 15$で，対立仮説も$\mu_1 > \mu_2 + 15$で，両者の不等式の関係が同じである。したがって$p$-値は$0.380671$($P(T \leq t)$片側)である。

検定の規則は

(a) p-値＜有意水準であれば，H_0を棄却し，H_1を採択する。

(b) p-値≧有意水準であれば，H_0を棄却しない。

であり，p-値$=0.380671>$有意水準$=0.05$であるからH_0を棄却しない。つまり，有意水準5%でμ_1はμ_2+15より大きいといえるほどの証拠はない。

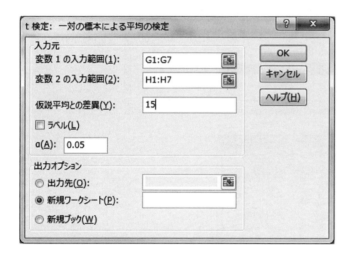

13-5　2つの母集団における等分散性の検定 — 7-3 演習問題

問題 p. 63

1. (1) この演習問題で使用されたデータ

	A	B	C	D	E	F	G	H
1	615	330	6.6	9.3	21	8.3	167	157
2	620	322	7.6	7.4	23.8	9.4	170	148
3	613	336	6.1	7.1	20.3	7.6	178	160
4	641	370	6.7	8.6	23.7	9.5	174	162
5	645	387	8.4	8.5	21.9	8.5	165	153
6	603	320	8.2	9.5	22.9	9.4	176	155
7			6.9	7.4	23.5	9.3	159	145
8			5.7	7.4	24.7	10		
9					20.9	8.4		

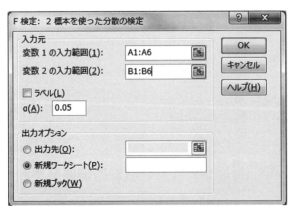

	A	B	C
1	F-検定: 2 標本を使った分散の検定		
2			
3		変数 1	変数 2
4	平均	622.8333	344.1667
5	分散	276.1667	768.9667
6	観測数	6	6
7	自由度	5	5
8	観測された分散比	0.35914	
9	P(F<=f) 片側	0.142729	
10	F 境界値 片側	0.198007	

$H_0 : \sigma_1^2 = \sigma_2^2$

$H_1 : \sigma_1^2 \neq \sigma_2^2$

有意水準を $\alpha = 0.05$ とする。

上の結果より,

$P(F=<f)$片側 $= P\left(F_{m-1, n-1} \leq \dfrac{s_1^2}{s_2^2}\right) = 0.142729 = p_1$ となる。したがって

$\min(p_1, 1-p_1) = 0.142729$ より, p-値 $= 2 \times 0.142729 = 0.285458$ となる。

検定の規則は, 次のようである。

(a) p-値 $< \alpha$ であれば, 帰無仮説を棄却し, 対立仮説を採択する。

(b) p-値 $\geq \alpha$ であれば, 帰無仮説を棄却しない。

ここで p-値 $= 0.285458 > \alpha = 0.05$ であるから, 帰無仮説を棄却しない。つまり有意水準 5 % で $\sigma_1^2 \neq \sigma_2^2$ であるといえるほどの証拠はない。$\sigma_1^2 = \sigma_2^2$ と考えてもおかしくない。

(2)　　$H_0 : \sigma_1^2 = \sigma_2^2$

　　　　$H_1 : \sigma_1^2 < \sigma_2^2$

有意水準を $\alpha = 0.01$ とする。

上の結果と, 仮説 $H_1 : \sigma_1^2 < \sigma_2^2$ より, 分散比 $= \dfrac{s_1^2}{s_2^2} = 0.35914 \leq 1$ であるから,

$P(F=<f)$片側 $= P\left(F_{m-1, n-1} \leq \dfrac{s_1^2}{s_2^2}\right) = 0.142729 = p$-値 となる。したがって

p-値 $= 0.142729$ となる。

検定の規則は, 次のようである。

(a) p-値 $< \alpha$ であれば, 帰無仮説を棄却し, 対立仮説を採択する。

(b) p-値 $\geq \alpha$ であれば, 帰無仮説 H_0 を棄却しない。

ここで p-値 $= 0.142729 > \alpha = 0.01$ であるから, 帰無仮説を棄却しない。つまり有意水準 1 % で $\sigma_1^2 < \sigma_2^2$ であるといえるほどの証拠はない。

2. (1)　この演習問題で使用されたデータ

	A	B	C	D	E	F	G	H
1	615	330	6.6	9.3	21	8.3	167	157
2	620	322	7.6	7.4	23.8	9.4	170	148
3	613	336	6.1	7.1	20.3	7.6	178	160
4	641	370	6.7	8.6	23.7	9.5	174	162
5	645	387	8.4	8.5	21.9	8.5	165	153
6	603	320	8.2	9.5	22.9	9.4	176	155
7			6.9	7.4	23.5	9.3	159	145
8			5.7	7.4	24.7	10		
9					20.9	8.4		

	A	B	C
1	F-検定: 2 標本を使った分散の検定		
2			
3		変数 1	変数 2
4	平均	7.025	8.15
5	分散	0.9307143	0.894286
6	観測数	8	8
7	自由度	7	7
8	観測された分散比	1.0407348	
9	P(F<=f) 片側	0.4796748	
10	F 境界値 片側	3.7870435	

$H_0 : \sigma_1^2 = \sigma_2^2$

$H_1 : \sigma_1^2 \neq \sigma_2^2$

有意水準を $\alpha = 0.05$ とする。

上の結果より,

$$P(F=>f)\text{片側} = P\left(F_{m-1, n-1} > \frac{s_1^2}{s_2^2}\right) = 0.4796748 = p_1 \text{ となる}。$$

したがって, $\min(p_1, 1-p_1) = 0.4796748$ より, p-値 $= 2 \times 0.4796748 = 0.9593496$ となる。

検定の規則は, 次のようである。

(a) p-値 $< \alpha$ であれば, 帰無仮説を棄却し, 対立仮説を採択する。

(b) p-値 $\geq \alpha$ であれば, 帰無仮説を棄却しない。

ここで p-値 $= 0.9593496 > \alpha = 0.05$ であるから, 帰無仮説を棄却しない。つまり有意水準 5 % で $\sigma_1^2 \neq \sigma_2^2$ であるといえるほどの証拠はない。$\sigma_1^2 = \sigma_2^2$ と考えてもおかしくない。

(2) $H_0 : \sigma_1^2 = \sigma_2^2$

$H_1 : \sigma_1^2 < \sigma_2^2$

有意水準を $\alpha = 0.01$ とする。

上の結果と, 仮説 $H_1 : \sigma_1^2 < \sigma_2^2$ より, 分散比 $= \frac{s_1^2}{s_2^2} = 1.0407348 > 1$ であるから,

$$P(F=>f)\text{片側} = P\left(F_{m-1, n-1} \geq \frac{s_1^2}{s_2^2}\right) = 0.4796748 = 1 - p\text{-値 となる}。$$

したがって p-値 $= 1 - 0.4796748 = 0.5203252$ となる。

検定の規則は, 次のようである。

(a) p-値 $< \alpha$ であれば, 帰無仮説を棄却し, 対立仮説を採択する。

(b) p-値 $\geq \alpha$ であれば, 帰無仮説を棄却しない。

ここで p-値 $= 0.5203252 > \alpha = 0.01$ であるから, 帰無仮説を棄却しない。つまり有意水準 1 % で $\sigma_1^2 < \sigma_2^2$ であるといえるほどの証拠はない。

13-6 回帰直線 —— 8-3 演習問題解答

問題 p. 70

1. (1) この演習問題で使用されたデータ

	A	B	C	D	E	F	G	H
1	距離	特に大きな石の大きさ	ソーナーの値	真の深度	気温	海水浴客の数	湿度	含有水分
2	1	86	0.43	0.5	29	1380	45	12
3	2	69	0.88	1	30	1490	56	18
4	3	55	1.72	1.5	32	1400	72	17
5	4	78	2.31	2	31	1520	63	20
6	5	46	3.22	3	28	1410	71	24
7	6	74	3.95	4	33	1420	58	12
8	7	68	5.31	5	34	1540	75	27
9	8	51			32	1480	53	8
10	9	31						
11	10	24						
12	11	42						

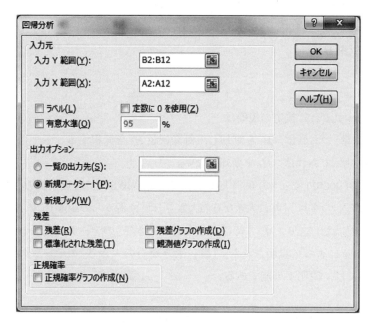

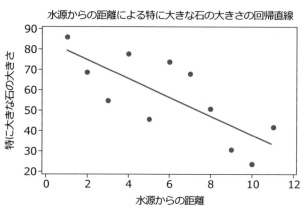

水源からの距離による特に大きな石の大きさの回帰直線

	A	B	C	D	E	F	G	H	I
1	概要								
2									
3		回帰統計							
4	重相関 R	0.7611							
5	重決定 R2	0.5793							
6	補正 R2	0.5326							
7	標準誤差	13.6502							
8	観測数	11							
9									
10	分散分析表								
11		自由度	変動	分散	観測された分散比	有意 F			
12	回帰	1	2309.2364	2309.2364	12.3934	0.006511			
13	残差	9	1676.9455	186.3273					
14	合計	10	3986.1818						
15									
16		係数	標準誤差	t	P-値	下限 95%	上限 95%	下限 95.0%	上限 95.0%
17	切片	84.2182	8.8272	9.5408	0.000005	64.2498	104.1866	64.2498	104.1866
18	X 値 1	-4.5818	1.3015	-3.5204	0.006511	-7.5260	-1.6376	-7.5260	-1.6376

上の結果より，推定された回帰直線は以下のように与えられる。

$$y = 84.22 - 4.58x$$

(2) 帰無仮説 H_0，対立仮説 H_1 は

$$H_0 : \beta_1 = 0$$

$$H_1 : \beta_1 \neq 0$$

とし，有意水準 α を 0.05 とすると，検定の規則は

(a) p-値 $< \alpha$（有意水準）であれば，H_0 を棄却し，対立仮説 H_1 を採択する。

(b) p-値 $\geq \alpha$（有意水準）であれば，H_0 を棄却しない。

上の結果より，p-値 $= 0.006511 < \alpha = 0.05$，したがって有意水準 5% で帰無仮説 H_0 を棄却し，対立仮説 H_1 を採択する。つまり，「特に大きな石の大きさ」は「水源からの距離」に依存する。

(3) 補正された寄与率 R_{adj}^2 は 0.5326 より，「特に大きな石の大きさ」のデータの変動の 53% は，回帰式 $y = 84.22 - 4.58x$ によって説明された。「特に大きな石の大きさ」のデータの変動の 47% は，回帰式によっては，説明不可能である。

2. (1) この演習問題で使用されるデータは，以下のように入力されている。

	A	B	C	D	E	F	G	H
1	距離	特に大きな石の大きさ	ソーナーの値	真の深度	気温	海水浴客の数	湿度	含有水分
2	1	86	0.43	0.5	29	1380	45	12
3	2	69	0.88	1	30	1490	56	18
4	3	55	1.72	1.5	32	1400	72	17
5	4	78	2.31	2	31	1520	63	20
6	5	46	3.22	3	28	1410	71	24
7	6	74	3.95	4	33	1420	58	12
8	7	68	5.31	5	34	1540	75	27
9	8	51			32	1480	53	8
10	9	31						
11	10	24						
12	11	42						

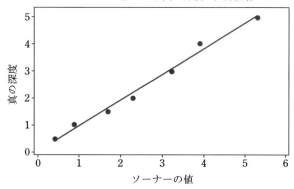

ソーナーの値による真の深度の回帰直線

	A	B	C	D	E	F	G	H	I
1	概要								
2									
3	回帰統計								
4	重相関 R	0.9952							
5	重決定 R2	0.9904							
6	補正 R2	0.9884							
7	標準誤差	0.1767							
8	観測数	7							
9									
10	分散分析表								
11		自由度	変動	分散	観測された分散比	有意 F			
12	回帰	1	16.0581	16.0581	514.0914	3.1E-06			
13	残差	5	0.1562	0.0312					
14	合計	6	16.2143						
15									
16		係数	標準誤差	t	P-値	下限 95%	上限 95%	下限 95.0%	上限 95.0%
17	切片	0.0278	0.1252	0.2224	0.8328	-0.2940	0.3497	-0.2940	0.3497
18	X 値 1	0.9430	0.0416	22.6736	3.1E-06	0.8361	1.0500	0.8361	1.0500

上の結果より，推定された回帰直線は以下のように与えられる。

$$y = 0.028 + 0.94x$$

(2) 帰無仮説 H_0, 対立仮説 H_1 は

$H_0: \beta_1 = 0$

$H_1: \beta_1 \neq 0$

とし，有意水準 α を 0.05 とすると，検定の規則は

(a) p-値 $< \alpha$（有意水準）であれば，H_0 を棄却し，対立仮説 H_1 を採択する。

(b) p-値 $\geq \alpha$（有意水準）であれば，H_0 を棄却しない。

上の結果より，p-値 $= 3.1 \times 10^{-6} < \alpha = 0.05$，したがって有意水準5%で帰無仮説 H_0 を棄却し，対立仮説 H_1 を採択する。つまり，「真の深度」は「ソーナーの値」に依存する。

(3) 補正された寄与率 R_{adj}^2 は 0.9884 より，「真の深度」のデータの変動の 99.0% は，回帰式 $y = 0.028 + 0.94x$ によって説明された。「真の深度」のデータの変動の 1.0% は，回帰式によっては，説明不可能である。

3. (1)

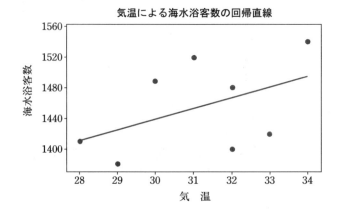

上の結果より，推定された回帰直線は以下のように与えられる。

$$y = 1018.44 + 14.03x$$

(2) 帰無仮説 H_0，対立仮説 H_1 は

$H_0: \beta_1 = 0$

$H_1: \beta_1 \neq 0$

とし，有意水準 α を 0.05 とすると，検定の規則は

(a) p-値 < α（有意水準）であれば，H_0 を棄却し，対立仮説 H_1 を採択する。

(b) p-値 ≧ α（有意水準）であれば，H_0 を棄却しない。

上の結果より，p-値 = 0.2345 > α = 0.05，したがって有意水準5％で帰無仮説 H_0 を棄却しない。つまり，「海水浴客の数」は「気温」に依存するというほどの証拠はない。

(3) 補正された寄与率 R_{adj}^2 は 0.0963 より，「海水浴客の数」のデータの変動の 9.6％ は，回帰式 $y = 1018.44 + 14.03x$ によって説明された。「海水浴客の数」のデータの変動の 90.4％ は，回帰式によっては，説明不可能である。

4. (1)

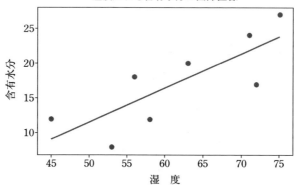

上の結果より，推定された回帰直線は以下のように与えられる。

$$y = -12.83 + 0.49x$$

(2) 帰無仮説 H_0，対立仮説 H_1 は

$H_0 : \beta_1 = 0$

$H_1 : \beta_1 \neq 0$

とし，有意水準 α を 0.05 とすると，検定の規則は

(a) p-値 $< \alpha$（有意水準）であれば，H_0 を棄却し，対立仮説 H_1 を採択する。

(b) p-値 $\geq \alpha$（有意水準）であれば，H_0 を棄却しない。

上の結果より，p-値 $= 0.01786 < \alpha = 0.05$，したがって有意水準5%で帰無仮説 H_0 を棄却し，対立仮説 H_1 を採択する。つまり，「水分含有率」は「湿度」に依存する。

(3) 補正された寄与率 R_{adj}^2 は 0.574401 より，「水分含有率」のデータの変動の57.4%は，回帰式 $y = -12.83 + 0.49x$ によって説明された。「水分含有率」のデータの変動の42.6%は，回帰式によっては，説明不可能である。

13-7 重回帰分析 ── 9-4 演習問題

1.

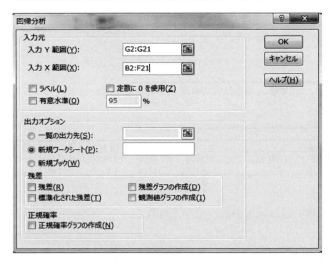

(1) 確率変数 Y は，5個の変数 $x_1, x_2, \cdots, x_5$ が与えられたとき，その平均が $\beta_0 + \beta_1 x_1 + \beta_2 x_2 + \cdots + \beta_5 x_5$ で与えられ，未知の分散を持つ正規分布に従うとする。ここで，$\beta_0, \beta_1, \beta_2, \cdots, \beta_5$ は未知のパラメータで，重回帰モデルは

$$Y = \beta_0 + \beta_1 x_1 + \beta_2 x_2 + \cdots + \beta_5 x_5 + \varepsilon$$

である。ε は，独立で平均 0，未知の分散をもつ正規分布に従う。推定された回帰式は，小数点以下 5 桁目を四捨五入して小数点以下 4 桁で書くと

$$Y = -34.4813 + 4.2909 x_1 + 1.2882 x_2 + 16.6900 x_3 + 0.2104 x_4 + 0.8209 x_5$$

となる。ここで説明変数 $x_1, x_2, \cdots, x_5$ は，それぞれ性別，年齢，喫煙，身長，体重である。

(2) 帰無仮説と対立仮説は

H_0 : 全ての $\beta_i = 0$，つまり $\beta_1 = \beta_2 = \cdots = \beta_5 = 0$

H_1 : 少なくとも 1 つの $\beta_i \neq 0$

有意水準を $\alpha = 0.05$ とすると，検定の規則は

(a) p-値 $< \alpha$ であれば，H_0 を棄却し，対立仮説 H_1 を採択する。

(b) p-値 $\geq \alpha$ であれば，帰無仮説 H_0 を棄却しない。

分散分析表の有意 F (p-値) は 0.0019 である。この値は 0.05 より小さいので，有意水準 5% で帰無仮説 H_0 を棄却し，対立仮説 H_1 を採択する。つまり，「最大血圧」は性別，年齢，喫煙，身長，体重の少なくとも一つの説明変数に依存する。

(3) $H_0 : x_2, \cdots, x_5$ が重回帰式に含まれるとき，$\beta_1 = 0$

$H_1 : \beta_1 \neq 0$

有意水準を $\alpha = 0.05$ とすると，検定の規則は

(a) p-値 $< \alpha$ であれば，H_0 を棄却し，対立仮説 H_1 を採択する。

(b) p-値 $\geq \alpha$ であれば，帰無仮説 H_0 を棄却しない。

ここで p-値は 0.7239 で，p-値 > 0.05 であるから，有意水準 5% で帰無仮説 H_0 を棄却しない。有意水準 5% で $x_2, \cdots, x_5$ が回帰式に含まれていれば β_1 は 0 である可能性がある。つまり，「最大血圧」は，年齢，喫煙，身長，体重が重回帰式に含まれていれば，性別に依存しないと考えてよい。

(4) 補正された寄与率は $R_{adj}^2 = 0.6076$ より，最大血圧のデータの約 60% の変動を重回帰式によって説明される。

(5) 推定された重回帰式は

$$y = -34.4813 + 4.2909 x_1 + 1.2882 x_2 + 16.6900 x_3 + 0.2104 x_4 + 0.8209 x_5$$

であるから，男性で，35 歳，禁煙者，身長 168 cm，体重 63 kg の人の，予測される最大血圧は，

$-34.4813 + 4.2909 \times 0 + 1.2882 \times 35 + 16.6900 \times 0 + 0.2104 \times 168 + 0.8209 \times 63 = 97.67$

(小数点以下 2 桁) である。

(6) 変数選択の有意水準を 0.05 とする。説明変数に対応する回帰係数の最大の p-値は 0.7239 で有意水準 0.05 以上であるので，この変数を説明変数から削除する。これは性別の回帰係数であるので，性別を除いた変数を，説明変数として，もう一度重回帰分析を行う。

年齢，喫煙，身長，体重を説明変数として，重回帰分析を行う。

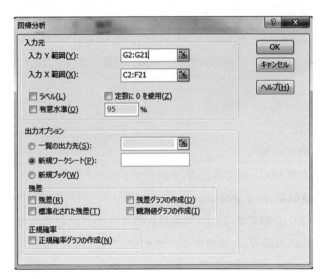

	A	B	C	D	E	F	G	H	I
1	概要								
2									
3		回帰統計							
4	重相関 R	0.8415							
5	重決定 R2	0.7082							
6	補正 R2	0.6304							
7	標準誤差	12.0346							
8	観測数	20							
9									
10	分散分析表								
11		自由度	変動	分散	観測された分散比	有意 F			
12	回帰	4	5272.46	1318.12	9.10	0.0006143			
13	残差	15	2172.49	144.83					
14	合計	19	7444.95						
15									
16		係数	標準誤差	t	P-値	下限 95%	上限 95%	下限 95.0%	上限 95.0%
17	切片	-26.0174	94.1508	-0.2763	0.7861	-226.6950	174.6602	-226.6950	174.6602
18	X 値 1	1.4036	0.3841	3.6543	0.0023	0.5849	2.2223	0.5849	2.2223
19	X 値 2	17.1252	6.3391	2.7015	0.0164	3.6136	30.6368	3.6136	30.6368
20	X 値 3	0.1387	0.5130	0.2704	→ 0.7905	-0.9547	1.2321	-0.9547	1.2321
21	X 値 4	0.8235	0.2867	2.8722	0.0116	0.2124	1.4347	0.2124	1.4347

説明変数に対応する回帰係数の最大の p-値は 0.7905 である。この値は有意水準 0.05 より大きいので，この変数を説明変数から削除する。これは身長の回帰係数であるので，身長を除いた変数を，説明変数として，もう一度重回帰分析を行う。

以下のように，性別と身長以外の変数，年齢，喫煙，体重のデータを I 列から K 列までコピーして貼り付ける。年齢，喫煙，体重を説明変数として，重回帰分析を行う。

	A	B	C	D	E	F	G	H	I	J	K
1	番号	性別	年齢	喫煙	身長	体重	最大血圧		年齢	喫煙	体重
2	1	1	47	1	168.7	99.7	177		47	1	99.7
3	2	1	52	1	164.5	63.6	135		52	1	63.6
4	3	1	54	1	161.5	70.1	140		54	1	70.1
5	4	1	55	0	152.1	53.4	97		55	0	53.4
6	5	1	56	0	170.2	82.5	141		56	0	82.5
7	6	1	59	0	167.8	61.6	129		59	0	61.6
8	7	1	60	0	162.5	58.1	127		60	0	58.1
9	8	1	62	0	159.5	61.4	160		62	0	61.4
10	9	1	65	0	158.7	63.2	142		65	0	63.2
11	10	1	69	0	158.1	84.9	161		69	0	84.9
12	11	0	30	1	185.4	88.7	129		30	1	88.7
13	12	0	30	0	173.8	78.6	109		30	0	78.6
14	13	0	32	0	188.9	93.5	121		32	0	93.5
15	14	0	35	1	173.9	77.8	140		35	1	77.8
16	15	0	36	0	171.1	65.3	117		36	0	65.3
17	16	0	38	0	174.2	82.5	101		38	0	82.5
18	17	0	41	1	178.9	79.3	135		41	1	79.3
19	18	0	44	0	187.5	83.3	128		44	0	83.3
20	19	0	46	0	176.4	71.3	123		46	0	71.3
21	20	0	47	1	170.5	92.5	149		47	1	92.5

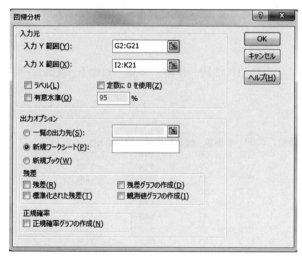

	A	B	C	D	E	F	G	H	I
1	概要								
2									
3		回帰統計							
4	重相関 R	0.8407							
5	重決定 R2	0.7068							
6	補正 R2	0.6518	←						
7	標準誤差	11.6809							
8	観測数	20							
9									
10	分散分析表								
11		自由度	変動	分散	観測された分散比	有意 F			
12	回帰	3	5261.87	1753.96	12.85	0.000157			
13	残差	16	2183.08	136.44					
14	合計	19	7444.95						
15									
16		係数	標準誤差	t	P-値	下限 95%	上限 95%	下限 95.0%	上限 95.0%
17	切片	-1.5767	25.5897	-0.0616	0.9516	-55.8244	52.6711	-55.8244	52.6711
18	X 値 1	1.3276	0.2539	5.2280	8.2878E-05	0.7893	1.8659	0.7893	1.8659
19	X 値 2	16.6279	5.8881	2.8240	→ 0.0122	4.1456	29.1102	4.1456	29.1102
20	X 値 3	0.8630	0.2394	3.6050	0.0024	0.3555	1.3706	0.3555	1.3706

説明変数に対応する回帰係数の最大の p-値は 0.0122 で，0.05 より小さい。したがってもうこれ以上説明変数を削除しない。推定された重回帰式は

$$y = -1.5767 + 1.3276\,x_2 + 16.6279\,x_3 + 0.8630\,x_5$$

である。

また，この重回帰式により，最大血圧のデータの変動の 65.18% が説明される。

2．（1） 確率変数 Y は，8個の変数 $x_1, x_2, \cdots, x_8$ が与えられたとき，その平均が $\beta_0 + \beta_1 x_1 + \beta_2 x_2 + \cdots + \beta_8 x_8$ で与えられ，未知の分散を持つ正規分布に従うとする。ここで，$\beta_0, \beta_1, \beta_2, \cdots, \beta_8$ は未知のパラメータで，重回帰モデルは

$$Y = \beta_0 + \beta_1 x_1 + \beta_2 x_2 + \cdots + \beta_8 x_8 + \varepsilon$$

である。ε は独立で，平均0，未知の分散をもつ正規分布に従う。推定された回帰式は，小数点以下5桁目を四捨五入して小数点以下4桁でかくと，

$$\begin{aligned}y =\ & 176.7192 + 1.3565\,x_1 + 0.2879\,x_2 + 0.0037\,x_3 + 1.2844\,x_4 - 4.5787\,x_5 \\& - 2.2620\,x_6 - 0.5556\,x_7 - 0.2616\,x_8\end{aligned}$$

となる。

ここで説明変数 $x_1, x_2, \cdots, x_8$ は，それぞれ性別，年齢，体重，運動1，運動2，時間，心拍数，酸素摂取量である。

番号	性別	年齢	体重	運動1	運動2	時間	心拍数	酸素摂取量	増加心拍数
1	0	42	82	1	0	12.3	56	46.6	116
2	0	41	85	0	0	14.6	79	41.4	112
3	0	53	91	0	0	15.9	84	37.5	95
4	0	55	76	0	1	11.7	50	55.7	118
5	0	48	73	1	0	11.5	55	57.4	121
6	0	47	68	0	1	11.6	47	54.7	117
7	0	46	80	1	0	13.3	57	51.3	112
8	0	41	79	1	0	11.3	56	55.3	117
9	0	48	83	0	0	13.4	71	41.6	109
10	0	46	69	0	1	11.2	52	58.9	124
11	1	31	52	0	0	16.4	81	52.4	85
12	1	52	65	0	0	18.5	82	51.6	93
13	1	49	61	0	0	21.3	89	49.9	78
14	1	38	51	1	0	15.2	53	54.1	121
15	1	33	49	0	1	13.4	48	62.6	104
16	1	31	56	0	0	14.5	51	61.3	107
17	1	40	52	1	0	16.2	49	57.4	116
18	1	46	53	0	0	17.1	74	58.5	95
19	1	55	64	1	0	16.9	51	52.3	112
20	1	56	71	0	0	19.5	89	49.7	94

	A	B	C	D	E	F	G	H	I
1	概要								
2									
3		回帰統計							
4	重相関 R	0.9232							
5	重決定 R2	0.8524							
6	補正 R2	0.7450							
7	標準誤差	6.5818							
8	観測数	20							
9									
10	分散分析表								
11		自由度	変動	分散	観測された分散比	有意 F			
12	回帰	8	2751.68	343.96	7.94	0.001248			
13	残差	11	476.52	43.32					
14	合計	19	3228.20						
15									
16		係数	標準誤差	t	P-値	下限 95%	上限 95%	下限 95.0%	上限 95.0%
17	切片	176.7192	52.7342	3.3511	0.0065	60.6520	292.7864	60.6520	292.7864
18	X 値 1	1.3565	13.0217	0.1042	0.9189	-27.3040	30.0170	-27.3040	30.0170
19	X 値 2	0.2879	0.3356	0.8580	0.4092	-0.4507	1.0265	-0.4507	1.0265
20	X 値 3	0.0037	0.4626	0.0080	0.9938	-1.0145	1.0219	-1.0145	1.0219
21	X 値 4	1.2844	12.7984	0.1004	0.9219	-26.8846	29.4534	-26.8846	29.4534
22	X 値 5	-4.5787	14.6046	-0.3135	0.7598	-36.7232	27.5659	-36.7232	27.5659
23	X 値 6	-2.2620	2.5010	-0.9044	0.3851	-7.7667	3.2427	-7.7667	3.2427
24	X 値 7	-0.5556	0.5273	-1.0536	0.3147	-1.7161	0.6050	-1.7161	0.6050
25	X 値 8	-0.2616	0.6355	-0.4116	0.6885	-1.6602	1.1371	-1.6602	1.1371

(2) 帰無仮説と対立仮説は

H_0：全ての $\beta_i = 0$，つまり $\beta_1 = \beta_2 = \cdots = \beta_5 = 0$

H_1：少なくとも1つの $\beta_i \neq 0$

有意水準を $\alpha = 0.05$ とすると，検定の規則は

    (a) p-値 $< \alpha$ であれば，H_0 を棄却し，対立仮説 H_1 を採択する。

    (b) p-値 $\geq \alpha$ であれば，帰無仮説 H_0 を棄却しない。

分散分析表の有意 F（p-値）は 0.001248 で，0.05 より小さいので，有意水準5%で帰無仮説 H_0 を棄却し，対立仮説 H_1 を採択する。つまり，「増加心拍数」は性別，年齢，体重，運動1，運

動2，時間，心拍数，酸素摂取量の少なくとも一つの説明変数に依存する。

(3) 　　$H_0 : x_2, \cdots, x_8$ が重回帰式に含まれるとき，$\beta_1 = 0$
　　　　$H_1 : \beta_1 \neq 0$

有意水準を $\alpha = 0.05$ とすると，検定の規則は

(a) 　p-値 $< \alpha$ であれば，H_0 を棄却し，対立仮説 H_1 を採択する。

(b) 　p-値 $\geq \alpha$ であれば，帰無仮説 H_0 を棄却しない。

ここで p-値は0.9189で，0.05より大きいので，有意水準5%で帰無仮説 H_0 を棄却しない。有意水準5%で $x_2, \cdots, x_8$ が回帰式に含まれていれば β_1 は0である可能性がある。つまり，「増加心拍数」は，年齢，体重，運動1，運動2，時間，心拍数，酸素摂取量が重回帰式に含まれていれば，性別に依存しないと考えてよい。

(4) 　補正された寄与率は $R^2_{adj} = 0.7450$ より，増加心拍数のデータの約74.5%の変動を重回帰式によって説明される。

(5) 　推定された重回帰式は

$$y = 176.7192 + 1.3565 x_1 + 0.2879 x_2 + 0.0037 x_3 + 1.2844 x_4 - 4.5787 x_5 - 2.2620 x_6 - 0.5556 x_7 - 0.2616 x_8$$

であるから，女性で，37歳，体重50 kg，普段は運動しない，2 kmのジョギング時間が13分，ジョギングする前の心拍数が75，ジョギング直後の酸素摂取量が40 (mL/kg) の人の説明変数の値は $(x_1, \cdots, x_8) = (1, 37, 50, 0, 0, 13, 75, 40)$ であるから，2 kmジョギングをする後の予測される増加心拍数は

$$176.7192 + 1.3565 \times 1 + 0.2879 \times 37 + 0.0037 \times 50 + 1.2844 \times 0 - 4.5787 \times 0 - 2.2620 \times 13 - 0.5556 \times 75 - 0.2616 \times 40 = 107.37$$

(小数点以下2桁) である。

(6) 　変数選択の有意水準を0.05とする。説明変数に対応する回帰係数の最大の p-値は0.9938で，有意水準0.05より大きいので，この変数を削除する。これは体重の回帰係数であるので，体重を除いた変数を，説明変数として，もう一度重回帰分析を行う。

以下のように，性別，年齢，運動1，運動2，時間，心拍数，酸素摂取量のデータをL列からR列まで，コピーして貼り付ける。

	I	J	K	L	M	N	O	P	Q	R
	酸素摂取量	増加心拍数		性別	年齢	運動1	運動2	時間	心拍数	酸素摂取量
	46.6	116		0	42	1	0	12.3	56	46.6
	41.4	112		0	41	0	0	14.6	79	41.4
	37.5	95		0	53	0	0	15.9	84	37.5
	55.7	118		0	55	0	1	11.7	50	55.7
	57.4	121		0	48	1	0	11.5	55	57.4
	54.7	117		0	47	0	1	11.6	47	54.7
	51.3	112		0	46	1	0	13.3	57	51.3
	55.3	117		0	41	1	0	11.3	56	55.3
	41.6	109		0	48	0	0	13.4	71	41.6
	58.9	124		0	46	0	0	11.2	52	58.9
	52.4	85		1	31	0	0	16.4	81	52.4
	51.6	93		1	52	0	0	18.5	82	51.6
	49.9	78		1	49	0	0	21.3	89	49.9
	54.1	121		1	38	1	0	15.2	53	54.1
	62.6	104		1	33	0	1	13.4	48	62.6
	61.3	107		1	31	0	1	14.5	51	61.3
	57.4	116		1	40	1	0	16.2	49	57.4
	58.5	95		1	46	0	0	17.1	74	58.5
	52.3	112		1	55	1	0	16.9	51	52.3
	49.7	94		1	56	0	0	19.5	89	49.7

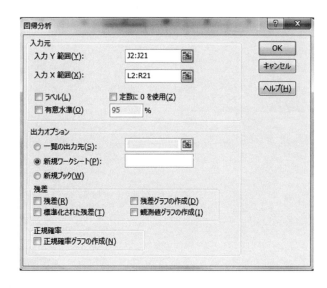

	A	B	C	D	E	F	G	H	I
1	概要								
2									
3		回帰統計							
4	重相関 R	0.9232							
5	重決定 R2	0.8524							
6	補正 R2	0.7663							
7	標準誤差	6.3016							
8	観測数	20							
9									
10	分散分析表								
11		自由度	変動	分散	観測された分散比	有意 F			
12	回帰	7	2751.68	393.10	9.90	0.000368			
13	残差	12	476.52	39.71					
14	合計	19	3228.20						
15									
16		係数	標準誤差	t	P-値	下限 95%	上限 95%	下限 95.0%	上限 95.0%
17	切片	177.0135	36.0033	4.9166	0.0004	98.5691	255.4580	98.5691	255.4580
18	X 値 1	1.3161	11.4834	0.1146	0.9106	-23.7041	26.3363	-23.7041	26.3363
19	X 値 2	0.2892	0.2787	1.0380	0.3197	-0.3179	0.8964	-0.3179	0.8964
20	X 値 3	1.3326	10.7946	0.1235	0.9038	-22.1869	24.8521	-22.1869	24.8521
21	X 値 4	-4.5285	12.6149	-0.3590	0.7258	-32.0140	22.9570	-32.0140	22.9570
22	X 値 5	-2.2664	2.3349	-0.9707	0.3509	-7.3539	2.8210	-7.3539	2.8210
23	X 値 6	-0.5536	0.4462	-1.2408	0.2384	-1.5257	0.4185	-1.5257	0.4185
24	X 値 7	-0.2649	0.4624	-0.5729	0.5773	-1.2723	0.7425	-1.2723	0.7425

説明変数に対応する回帰係数の最大の p-値は 0.9106 で,有意水準 0.05 より大きいので,この変数を削除する。これは性別の回帰係数であるので,性別を除いた変数を,説明変数として,もう一度重回帰分析を行う。

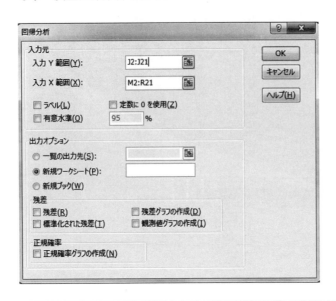

	A	B	C	D	E	F	G	H	I
1	概要								
2									
3		回帰統計							
4	重相関 R	0.9232							
5	重決定 R2	0.8522							
6	補正 R2	0.7840							
7	標準誤差	6.0577							
8	観測数	20							
9									
10	分散分析表								
11		自由度	変動	分散	観測された分散比	有意 F			
12	回帰	6	2751.16	458.53	12.50	9.7E-05			
13	残差	13	477.04	36.70					
14	合計	19	3228.20						
15									
16		係数	標準誤差	t	P-値	下限 95%	上限 95%	下限 95.0%	上限 95.0%
17	切片	175.2824	31.4166	5.5793	0.0001	107.4109	243.1539	107.4109	243.1539
18	X 値 1	0.2681	0.2007	1.3360	0.2045	-0.1654	0.7016	-0.1654	0.7016
19	X 値 2	0.8204	9.4457	0.0869	0.9321	-19.5857	21.2266	-19.5857	21.2266
20	X 値 3	-5.0938	11.1613	-0.4564	0.6556	-29.2062	19.0186	-29.2062	19.0186
21	X 値 4	-2.0158	0.7874	-2.5600	0.0237	-3.7170	-0.3147	-3.7170	-0.3147
22	X 値 5	-0.5835	0.3478	-1.6780	0.1172	-1.3348	0.1678	-1.3348	0.1678
23	X 値 6	-0.2295	0.3306	-0.6941	0.4999	-0.9437	0.4848	-0.9437	0.4848

説明変数に対応する回帰係数の最大の p-値は 0.9321 で,有意水準 0.05 より大きいので,この変数を削除する。これは運動1の回帰係数であり,運動1と運動2を合わせて一つの説明変数であるので,これら運動1と,運動2を除いた変数を,説明変数として,もう一度重回帰分析を行う。このため,エクセルの説明変数を以下のように再編集する。

I 酸素摂取量	J 増加心拍数	K 年齢	L 時間	M 心拍数	N 酸素摂取量
46.6	116	42	12.3	56	46.6
41.4	112	41	14.6	79	41.4
37.5	95	53	15.9	84	37.5
55.7	118	55	11.7	50	55.7
57.4	121	48	11.5	55	57.4
54.7	117	47	11.6	47	54.7
51.3	112	46	13.3	57	51.3
55.3	117	41	11.3	56	55.3
41.6	109	48	13.4	71	41.6
58.9	124	46	11.2	52	58.9
52.4	85	31	16.4	81	52.4
51.6	93	52	18.5	82	51.6
49.9	78	49	21.3	89	49.9
54.1	121	38	15.2	53	54.1
62.6	104	33	13.4	48	62.6
61.3	107	31	14.5	51	61.3
57.4	116	40	16.2	49	57.4
58.5	95	46	17.1	74	58.5
52.3	112	55	16.9	51	52.3
49.7	94	56	19.5	89	49.7

	A	B	C	D	E	F	G	H	I
1	概要								
2									
3	回帰統計								
4	重相関 R	0.9102							
5	重決定 R2	0.8284							
6	補正 R2	0.7826							
7	標準誤差	6.0771							
8	観測数	20							
9									
10	分散分析表								
11		自由度	変動	分散	観測された分散比	有意 F			
12	回帰	4	2674.22	668.56	18.10	1.31E-05			
13	残差	15	553.98	36.93					
14	合計	19	3228.20						
15									
16		係数	標準誤差	t	P-値	下限 95%	上限 95%	下限 95.0%	上限 95.0%
17	切片	181.9848	23.1168	7.8724	0.0000	132.7126	231.2571	132.7126	231.2571
18	X 値 1	0.2457	0.1979	1.2412	→ 0.2336	-0.1762	0.6676	-0.1762	0.6676
19	X 値 2	-1.6640	0.7513	-2.2148	0.0427	-3.2654	-0.0626	-3.2654	-0.0626
20	X 値 3	-0.6111	0.1738	-3.5165	0.0031	-0.9816	-0.2407	-0.9816	-0.2407
21	X 値 4	-0.4223	0.2982	-1.4163	0.1771	-1.0579	0.2132	-1.0579	0.2132

説明変数に対応する回帰係数の最大の p-値は 0.2336 で, 有意水準 0.05 より大きいので, この変数を削除する. これは年齢の回帰係数であるので, この変数を除いた変数を, 説明変数として, もう一度重回帰分析を行う.

概要

	A	B	C	D	E	F	G	H	I
1	概要								
2									
3		回帰統計							
4	重相関 R	0.9004							
5	重決定 R2	0.8108							
6	補正 R2	0.7753							
7	標準誤差	6.1789							
8	観測数	20							
9									
10	分散分析表								
11		自由度	変動	分散	観測された分散比	有意 F			
12	回帰	3	2617.33	872.44	22.85	5.01E-06			
13	残差	16	610.87	38.18					
14	合計	19	3228.20						
15									
16		係数	標準誤差	t	P-値	下限 95%	上限 95%	下限 95.0%	上限 95.0%
17	切片	197.7835	19.6201	10.0807	0.0000	156.1908	239.3762	156.1908	239.3762
18	X 値 1	-1.5330	0.7563	-2.0269	0.0597	-3.1363	0.0703	-3.1363	0.0703
19	X 値 2	-0.6240	0.1764	-3.5374	0.0027	-0.9979	-0.2500	-0.9979	-0.2500
20	X 値 3	-0.5344	0.2889	-1.8497	→0.0829	-1.1469	0.0781	-1.1469	0.0781

説明変数に対応する回帰係数の最大の p-値は 0.0829 で，有意水準 0.05 より大きいので，この変数を削除する。これは酸素摂取量の回帰係数であるので，この変数を除いた変数を，説明変数として，もう一度重回帰分析を行う。

	A	B	C	D	E	F	G	H	I
1	概要								
2									
3		回帰統計							
4	重相関 R	0.8777							
5	重決定 R2	0.7703							
6	補正 R2	0.7433 ←							
7	標準誤差	6.6044							
8	観測数	20							
9									
10	分散分析表								
11		自由度	変動	分散	観測された分散比	有意 F			
12	回帰	2	2486.70	1243.35	28.51	3.71E-06			
13	残差	17	741.50	43.62					
14	合計	19	3228.20						
15									
16		係数	標準誤差	t	P-値	下限 95%	上限 95%	下限 95.0%	上限 95.0%
17	切片	164.1634	7.8975	20.7868	1.59138E-13	147.5012	180.8256	147.5012	180.8256
18	X 値 1	-2.0854	0.7427	-2.8078	→0.0121	-3.6524	-0.5184	-3.6524	-0.5184
19	X 値 2	-0.4085	0.1416	-2.8855	0.0103	-0.7072	-0.1098	-0.7072	-0.1098

説明変数に対応する回帰係数の最大の p-値は 0.0121 で，有意水準 0.05 より小さいので，変数選択を終了する。最終的に推定された重回帰式は

$$y = 164.1634 - 2.0854 x_6 - 0.4085 x_7$$

ここで x_6 と x_7 は，時間（ジョギングにかかった時間（分））と（ジョギング前の）心拍数である。この推定された重回帰式は，増加心拍数のデータの変動を約 74.3% 説明している。

3．（1） 確率変数 Y は，5個の変数 $x_1, x_2, \cdots, x_5$ が与えられたとき，その平均が $\beta_0 + \beta_1 x_1 + \beta_2 x_2 + \cdots + \beta_5 x_5$ で与えられ，未知の分散を持つ正規分布に従うとする。ここで，$\beta_0, \beta_1, \beta_2, \cdots, \beta_5$ は未知のパラメータで，重回帰モデルは

$$Y = \beta_0 + \beta_1 x_1 + \beta_2 x_2 + \cdots + \beta_5 x_5 + \varepsilon$$

である。ε は独立で，平均0，未知の分散をもつ正規分布に従う。推定された回帰式は，以下に示すエクセルの結果から，

$$y = 71.9065 + 1.2098 x_1 + 0.0000318 x_2 + 0.1027 x_3 + 0.0211 x_4 + 0.0566 x_5$$

となる。ここで説明変数 $x_1, x_2, \cdots, x_5$ は，それぞれ内科医の数，GDP，貧困率，教育における性差別，職業における性差別である。

	A	B	C	D	E	F	G
1	国	平均寿命	内科医	GDP	貧困率	教育性差別	職業性差別
2	オーストラリア	82.1	2.47	64576	14.44	59	38.4
3	オーストリア	80.94	3.38	49064	9.03	39.5	33.3
4	カナダ	81.24	2.14	52031	11.68	44.9	26.6
5	チリ	79.59	1.09	15773	17.8	27.5	24.6
6	デンマーク	80.05	2.93	59143	6	60.3	24.9
7	フィンランド	80.63	3.16	49066	7.5	58.2	16.5
8	ドイツ	80.89	3.37	44994	8.7	32.4	37.8
9	ギリシャ	80.63	4.38	21863	15.22	24.7	15.1
10	アイルランド	80.9	2.79	48567	9.72	49	37.5
11	イタリア	82.94	4.2	34712	12.6	38.7	32.3
12	日本	83.1	1.98	38468	16.03	39.2	34.5
13	メキシコ	77.14	1.98	10650	20.41	22.7	28.8
14	オランダ	81.1	3.15	50822	7.2	47.9	60.7
15	ノルウェイ	81.45	3.13	100506	7.71	55.5	29.1
16	ポーランド	76.8	2.47	13437	11.15	75.4	12.2
17	ポルトガル	80.37	3.42	20998	11.87	48.3	14.8
18	スペイン	82.38	3.3	29150	15.09	39.9	22.9
19	スエーデン	81.7	3.28	57982	9.7	53.1	18.6
20	スイス	82.7	3.61	81304	10.26	34.8	45.6
21	トルコ	74.86	1.35	10722	19.2	21.3	24.2
22	英国	81.5	2.3	39370	9.49	61.9	39.4
23	アメリカ	78.74	2.56	53001	17.05	45.4	18.3

	A	B	C	D	E	F	G	H	I
1	概要								
2									
3		回帰統計							
4	重相関 R	0.7104							
5	重決定 R2	0.5046							
6	補正 R2	0.3498							
7	標準誤差	1.6632	←						
8	観測数	22							
9									
10	分散分析表								
11		自由度	変動	分散	観測された分散比	有意 F			
12	回帰	5	45.09	9.02	3.26	0.0322	←		
13	残差	16	44.26	2.77					
14	合計	21	89.35						
15									
16		係数	標準誤差	t	P-値	下限 95%	上限 95%	下限 95.0%	上限 95.0%
17	切片	71.9065	4.9966	14.3912	0.0000	61.3143	82.4987	61.3143	82.4987
18	X 値 1	1.2098	0.5566	2.1736	→0.0451	0.0299	2.3896	0.0299	2.3896
19	X 値 2	3.18162E-05	0.0000	1.5203	0.1479	0.0000	0.0001	0.0000	0.0001
20	X 値 3	0.1027	0.1603	0.6408	0.5307	−0.2371	0.4426	−0.2371	0.4426
21	X 値 4	0.0211	0.0380	0.5539	→0.5873	−0.0596	0.1017	−0.0596	0.1017
22	X 値 5	0.0566	0.0376	1.5044	0.1520	−0.0232	0.1364	−0.0232	0.1364

(2) 帰無仮説と対立仮説は

H_0：全ての $\beta_i = 0$，つまり $\beta_1 = \beta_2 = \cdots \beta_5 = 0$

H_1：少なくとも1つの $\beta_i \neq 0$

有意水準を $\alpha = 0.05$ とすると，検定の規則は

(a) p-値 $< \alpha$ であれば，H_0 を棄却し，対立仮説 H_1 を採択する。

(b) p-値 $\geq \alpha$ であれば，帰無仮説 H_0 を棄却しない。

分散分析表の有意 F（p-値）は 0.0322 で，0.05 より小さいので，有意水準 5 % で帰無仮説 H_0 を棄却し，対立仮説 H_1 を採択する。つまり，「平均寿命」は内科医の数，GDP，貧困率，教育における性差別，職業における性差別の少なくとも一つの説明変数に依存する。

(3) H_0：$x_2, \cdots, x_5$ が重回帰式に含まれるとき，$\beta_1 = 0$

H_1：$\beta_1 \neq 0$

有意水準を $\alpha = 0.05$ とすると，検定の規則は

(a) p-値 $< \alpha$ であれば，H_0 を棄却し，対立仮説 H_1 を採択する。

(b) p-値 $\geq \alpha$ であれば，帰無仮説 H_0 を棄却しない。

ここで p-値は 0.0451 で，0.05 より小さい。したがって，有意水準 5 % で帰無仮説 H_0 を棄却し，対立仮説を採択する。有意水準 5 % で β_1 は 0 でない。

(4) 補正された寄与率は $R_{adj}^2 = 0.3498$ より，平均寿命のデータの約 35 % の変動を重回帰式によって説明される。

(5) 変数選択の有意水準を 0.05 とする。説明変数に対応する回帰係数の最大の p-値は 0.5873 で，これは教育性差別の回帰係数であるので，教育性差別を除いた変数を，説明変数として，もう一度重回帰分析を行う。

以下のように，内科医の数，GDP，貧困率，職業における性差別のデータを I 列から L 列まで，コピーして貼り付け，これらの変数を説明変数として重回帰分析を行う。

	A	B	C	D	E	F	G	H	I	J	K	L
1	国	平均寿命	内科医	GDP	貧困率	教育性差別	職業性差別		内科医	GDP	貧困率	職業性差別
2	オーストラリア	82.1	2.47	64576	14.44	59	38.4		2.47	64576	14.44	38.4
3	オーストリア	80.94	3.38	49064	9.03	39.5	33.3		3.38	49064	9.03	33.3
4	カナダ	81.24	2.14	52031	11.68	44.9	26.6		2.14	52031	11.68	26.6
5	チリ	79.59	1.09	15773	17.8	27.5	24.6		1.09	15773	17.8	24.6
6	デンマーク	80.05	2.93	59143	6	60.3	24.9		2.93	59143	6	24.9
7	フィンランド	80.63	3.16	49066	7.5	58.2	16.5		3.16	49066	7.5	16.5
8	ドイツ	80.89	3.37	44994	8.7	32.4	37.8		3.37	44994	8.7	37.8
9	ギリシャ	80.63	4.38	21863	15.22	24.7	15.1		4.38	21863	15.22	15.1
10	アイルランド	80.9	2.79	48567	9.72	49	37.5		2.79	48567	9.72	37.5
11	イタリア	82.94	4.2	34712	12.6	38.7	32.3		4.2	34712	12.6	32.3
12	日本	83.1	1.98	38468	16.03	39.2	34.5		1.98	38468	16.03	34.5
13	メキシコ	77.14	1.98	10650	20.41	22.7	28.8		1.98	10650	20.41	28.8
14	オランダ	81.1	3.15	50822	7.2	47.9	60.7		3.15	50822	7.2	60.7
15	ノルウェー	81.45	3.13	100506	7.71	55.5	29.1		3.13	100506	7.71	29.1
16	ポーランド	76.8	2.47	13437	11.15	75.4	12.2		2.47	13437	11.15	12.2
17	ポルトガル	80.37	3.42	20998	11.87	48.3	14.8		3.42	20998	11.87	14.8
18	スペイン	82.38	3.3	29150	15.09	39.9	22.9		3.3	29150	15.09	22.9
19	スウェーデン	81.7	3.28	57982	9.7	53.1	18.6		3.28	57982	9.7	18.6
20	スイス	82.7	3.61	81304	10.26	34.8	45.6		3.61	81304	10.26	45.6
21	トルコ	74.86	1.35	10722	19.2	21.3	24.2		1.35	10722	19.2	24.2
22	英国	81.5	2.3	39370	9.49	61.9	39.4		2.3	39370	9.49	39.4
23	アメリカ	78.74	2.56	53001	17.05	45.4	18.3		2.56	53001	17.05	18.3

	A	B	C	D	E	F	G	H	I
1	概要								
2									
3		回帰統計							
4	重相関 R	0.7036							
5	重決定 R2	0.4951							
6	補正 R2	0.3763							
7	標準誤差	1.6290							
8	観測数	22							
9									
10	分散分析表								
11		自由度	変動	分散	観測された分散比	有意 F			
12	回帰	4	44.24	11.06	4.17	0.0156			
13	残差	17	45.11	2.65					
14	合計	21	89.35						
15									
16		係数	標準誤差	t	P-値	下限 95%	上限 95%	下限 95.0%	上限 95.0%
17	切片	74.1033	2.9767	24.8944	0.0000	67.8230	80.3836	67.8230	80.3836
18	X 値 1	1.0856	0.4990	2.1757	0.0440	0.0329	2.1384	0.0329	2.1384
19	X 値 2	3.31914E-05	0.0000	1.6309	0.1213	0.0000	0.0001	0.0000	0.0001
20	X 値 3	0.0442	0.1180	0.3742	→0.7129	-0.2048	0.2932	-0.2048	0.2932
21	X 値 4	0.0479	0.0335	1.4307	0.1706	-0.0227	0.1185	-0.0227	0.1185

説明変数に対応する回帰係数の最大の p-値は 0.7129 で 0.05 より大きい。したがって，この変数を削除する。これは貧困率の回帰係数であるので，この変数を除いた変数を，説明変数として，もう一度重回帰分析を行う。

	A	B	C	D	E	F	G	H	I
1	概要								
2									
3		回帰統計							
4	重相関 R	0.7007							
5	重決定 R2	0.4910							
6	補正 R2	0.4061							
7	標準誤差	1.5896							
8	観測数	22							
9									
10	分散分析表								
11		自由度	変動	分散	観測された分散比	有意 F			
12	回帰	3	43.86	14.62	5.79	0.0059			
13	残差	18	45.48	2.53					
14	合計	21	89.35						
15									
16		係数	標準誤差	t	P-値	下限 95%	上限 95%	下限 95.0%	上限 95.0%
17	切片	75.0582	1.4956	50.1864	0.0000	71.9161	78.2003	71.9161	78.2003
18	X 値 1	1.0094	0.4445	2.2709	0.0357	0.0755	1.9433	0.0755	1.9433
19	X 値 2	2.94807E-05	0.0000	1.6999	0.1064	0.0000	0.0001	0.0000	0.0001
20	X 値 3	0.0464	0.0324	1.4317	→ 0.1694	-0.0217	0.1146	-0.0217	0.1146
21									

　説明変数に対応する回帰係数の最大の p-値は 0.1694 で 0.05 より大きい。有意水準5％より，この変数を削除する。これは職業性差別の回帰係数であるので，この変数を除いた変数を，説明変数として，もう一度重回帰分析を行う。

	A	B	C	D	E	F	G	H	I
1	概要								
2									
3		回帰統計							
4	重相関 R	0.6580							
5	重決定 R2	0.4330							
6	補正 R2	0.3733							
7	標準誤差	1.6329							
8	観測数	22							
9									
10	分散分析表								
11		自由度	変動	分散	観測された分散比	有意 F			
12	回帰	2	38.69	19.34	7.25	0.0046			
13	残差	19	50.66	2.67					
14	合計	21	89.35						
15									
16		係数	標準誤差	t	P-値	下限 95%	上限 95%	下限 95.0%	上限 95.0%
17	切片	76.1783	1.3094	58.1785	0.0000	73.4377	78.9189	73.4377	78.9189
18	X 値 1	0.9396	0.4539	2.0701	→ 0.0523	-0.0104	1.8895	-0.0104	1.8895
19	X 値 2	3.9274E-05	0.0000	2.3991	0.0269	0.0000	0.0001	0.0000	0.0001

　説明変数に対応する回帰係数の最大の p-値は $0.0523 > 0.05 =$ 有意水準より，この変数を削除する。これは内科医の数の回帰係数であるので，この変数を除いた変数を，説明変数として，もう一度重回帰分析を行う。

	A	B	C	D	E	F	G	H	I
1	概要								
2									
3		回帰統計							
4	重相関 R	0.5524							
5	重決定 R2	0.3051							
6	補正 R2	0.2704	←						
7	標準誤差	1.7619							
8	観測数	22							
9									
10	分散分析表								
11		自由度	変動	分散	観測された分散比	有意 F			
12	回帰	1	27.26	27.26	8.78	0.0077			
13	残差	20	62.09	3.10					
14	合計	21	89.35						
15									
16		係数	標準誤差	t	P-値	下限 95%	上限 95%	下限 95.0%	上限 95.0%
17	切片	78.3935	0.8142	96.2835	0.0000	76.6952	80.0919	76.6952	80.0919
18	X 値 1	4.97699E-05	0.0000	2.9633	→ 0.0077	0.0000	0.0001	0.0000	0.0001
19	↑								

説明変数は1つで，その回帰係数の p-値は $0.0077 < 0.05 =$ 有意水準より，この変数は削除しない．したがって，最終的に選ばれ，推定された回帰式は

$$y = 78.3935 + 0.00004977 x_2$$

この回帰式によって平均寿命のデータの変動の約27％が説明された．

13-8 分散分析 ── 10-4 演習問題

1．（1） モデルは

$$Y_{ij} = \mu + \tau_i + \varepsilon_{ij} \quad (i = 1, \cdots, 4; j = 1, \cdots, 4)$$

ここで

Y_{ij} は，i 番目の水準（処理法を行なったとき）の，j 番目の確率変数，μ は，母集団の総平均，τ_i は，処理法による効果，ε_{ij} は，i 番目の水準の，j 番目の誤差で，独立で，平均0，すべての水準に共通で未知の分散 σ^2 をもつ正規分布に従うと仮定する．

(2)

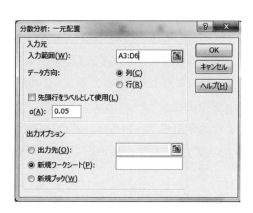

	A	B	C	D
1		混合方法		
2	1	2	3	4
3	3145	3310	2910	2675
4	3105	3405	2925	2715
5	2965	3075	2890	2630
6	2875	3250	3150	2865
7				

	A	B	C	D	E	F	G
1	分散分析: 一元配置						
2							
3	概要						
4	グループ	標本数	合計	平均	分散		
5	列 1	4	12090	3022.5	15625.0000		
6	列 2	4	13040	3260 ←	19283.3333		
7	列 3	4	11875	2968.75	14806.2500		
8	列 4	4	10885	2721.25 ←	10389.5833		
9							
10							
11	分散分析表						
12	変動要因	変動	自由度	分散	観測された分散比	P-値	F 境界値
13	グループ間	586381.3	3	195460.4	13.0081	0.0004	3.4903
14	グループ内	180312.5	12	15026.04		↑	
15							
16	合計	766693.8	15				

帰無仮説 H_0, ならびに対立仮説 H_1 は

$H_0 : \tau_1 = \tau_2 = \tau_3 = \tau_4$

H_1：少なくとも一つのペア (s, t) に対して，$\tau_s \neq \tau_t$

有意水準を $\alpha = 0.05$ とすると，検定の規則は

(a) p-値 $< \alpha$ であれば，帰無仮説 H_0 を棄却し，対立仮説 H_1 を採択する。

(b) p-値 $\geq \alpha$ であれば，帰無仮説 H_0 を棄却しない。

分散分析表の p-値は $0.0004 < 0.05 =$ 有意水準より，有意水準5％で帰無仮説を棄却し，対立仮説を採択する。少なくとも一つのセメントの混合方法の母集団の平均は，他の混合方法の母集団の平均と異なる。4番目の混合方法の標本平均は2721.25で最小であり，2番目の混合方法の標本平均は，3260で最大であることと，上の帰無仮説を棄却したことから，有意水準5％で，少なくとも2番目と4番目の混合方法の母集団の平均は異なる。

(3) 往々にして，実験の初めは，実験者が実験に慣れておらず，実験における誤差や，実験結果を観測するときに起こる観測誤差など，誤差が大きくなる可能性がある。実験を何回も繰り返していくと，実験者が実験に慣れ，誤差が小さくなる傾向がある。さらに実験回数を増やしていくと，実験者が実験に慣れすぎるため，誤差が大きくなる傾向がある。これを実験順序による誤差の傾向としておく。

実験の順序を，まず混合方法1について4回実験を行い，次に混合方法2について4回実験を行う。更に混合方法3について4回実験を行う。最後に混合方法4について4回実験を行う。このように実験すると，この混合方法の違いによる傾向と，実験順序による誤差の傾向の違いがつかなくなる。したがって，このような実験順序による実験はよくない。

実験順序は，例えば，初めに混合方法3, 混合方法1, 混合方法4, 2回目の混合方法1, …というように，全16回の実験順序を，乱数などを使い実験する混合方法の順序を決めて，実験することがよい。

2. (1)　モデルは

$$Y_{ij} = \mu + \tau_i + \varepsilon_{ij} \quad (i=1,\cdots,6 : j=1,\cdots,4)$$

ここで，

Y_{ij} は，i 番目の水準（処理法を行なったとき）の，j 番目の確率変数，μ は，母集団の総平均，τ_i は，処理法による効果，ε_{ij} は，i 番目の水準の，j 番目の誤差で，独立で，平均0，全ての水準に共通で未知の分散 σ^2 をもつ正規分布に従うと仮定する。

(2)

	A	B	C	D	E	F
1	ラドン放出量					
2	0.37	0.51	0.71	1.02	1.4	1.99
3	80	75	74	67	62	60
4	83	75	73	72	62	61
5	83	79	76	74	67	64
6	85	79	77	74	69	66
7						

	A	B	C	D	E	F	G
1	分散分析: 一元配置						
2							
3	概要						
4	グループ	標本数	合計	平均	分散		
5	列 1	4	331	82.75 ←	4.25		
6	列 2	4	308	77	5.33		
7	列 3	4	300	75	3.33		
8	列 4	4	287	71.75	10.92		
9	列 5	4	260	65	12.67		
10	列 6	4	251	62.75 ←	7.58		
11							
12							
13	分散分析表						
14	変動要因	変動	自由度	分散	観測された分散比	P-値	F 境界値
15	グループ間	1133.375	5	226.675	30.8518	3.16E-08	2.772853
16	グループ内	132.25	18	7.3472		↑	
17							
18	合計	1265.625	23				

帰無仮説 H_0，ならびに対立仮説 H_1 は

　　$H_0 : \tau_1 = \tau_2 = \cdots = \tau_6$

　　H_1：少なくとも一つのペア (s, t) に対して，$\tau_s \neq \tau_t$

有意水準を $\alpha = 0.05$ とすると，検定の規則は

(a)　p-値 $< \alpha$ であれば，帰無仮説 H_0 を棄却し，対立仮説 H_1 を採択する。

(b)　p-値 $\geq \alpha$ であれば，帰無仮説 H_0 を棄却しない。

分散分析表の p-値は $3.16E-08 = 0.0000000316 < 0.05$ 有意水準より，有意水準5%で帰無仮説を棄却し，対立仮説を採択する。少なくとも一つの口径から放出されるラドンの母集団の平均は，他の口径から放出されるラドンの母集団の平均と異なる。口径1.99から放出されるラドンの標本平均は62.75で最小であり，口径0.37から放出されるラドンの標本平均

は，82.75で最大であることと，上の帰無仮説を棄却したことから，有意水準5％で，少なくとも口径1.99と口径0.37から放出されるラドンの母集団の平均は異なる。

3. (1) モデルは

$$Y_{ij} = \mu + \tau_i + \varepsilon_{ij} \quad (i=1,\cdots,4 : j=1,\cdots,4)$$

ここで

Y_{ij} は，i 番目の水準(処理法を行なったとき)の，j 番目の確率変数，μ は，母集団の総平均，τ_i は，処理法による効果，ε_{ij} は，i 番目の水準の，j 番目の誤差で，独立で，平均0，全ての水準に共通で未知の分散 σ^2 をもつ正規分布に従うと仮定する。

(2)

	A	B	C	D
1	サーキットデザイン			
2	1	2	3	4
3	17	78	48	89
4	25	63	31	57
5	18	67	27	73
6	31	57	41	81
7	12	82	53	98

	A	B	C	D	E	F	G
1	分散分析: 一元配置						
2							
3	概要						
4	グループ	標本数	合計	平均	分散		
5	列1	5	103	20.6	55.3		
6	列2	5	347	69.4	108.3		
7	列3	5	200	40	121		
8	列4	5	398	79.6	245.8		
9							
10							
11	分散分析表						
12	変動要因	変動	自由度	分散	観測された分散比	P-値	F 境界値
13	グループ間	10969.2	3	3656.4	27.5747	1.47E-06	3.2389
14	グループ内	2121.6	16	132.6			
15							
16	合計	13090.8	19				
17							

帰無仮説 H_0，ならびに対立仮説 H_1 は

$H_0 : \tau_1 = \tau_2 = \tau_3 = \tau_4$

$H_1 :$ 少なくとも一つのペア (s,t) に対して，$\tau_s \neq \tau_t$

有意水準を $\alpha = 0.05$ とすると，検定の規則は

(a) p-値 $< \alpha$ であれば，帰無仮説 H_0 を棄却し，対立仮説 H_1 を採択する。

(b) p-値 $\geq \alpha$ であれば，帰無仮説 H_0 を棄却しない。

分散分析表の p-値は $1.47E-06 = 0.00000147 < 0.05$ 有意水準より，有意水準5％で帰無仮説を棄却し，対立仮説を採択する。少なくとも1つのサーキットデザインを用いた場合のノイズの母集団の平均は，他のサーキットデザインを用いた場合のノイズの母集団の平均と異なる。

1番目のサーキットデザインを用いた場合のノイズの標本平均は20.6で最小であり，4番目のサーキットデザインを用いた場合のノイズの標本平均は，79.6で最大であることと，上の帰無仮説を棄却したことから，有意水準5％で，少なくとも1番目と4番目のサーキットデザインを用いた場合のノイズの母集団の平均は異なる。

4.

使用したデータは以下のようである。

	A	B	C	D	E	F	G
1	電流	ガラス	蛍光体1	蛍光体2	ガラス_蛍光体1	ガラス_蛍光体2	ガラス
2	280	1	1	0	1	0	1
3	290	1	1	0	1	0	1
4	285	1	1	0	1	0	1
5	230	-1	1	0	-1	0	-1
6	235	-1	1	0	-1	0	-1
7	240	-1	1	0	-1	0	-1
8	300	1	0	1	0	1	1
9	310	1	0	1	0	1	1
10	295	1	0	1	0	1	1
11	260	-1	0	1	0	-1	-1
12	240	-1	0	1	0	-1	-1
13	235	-1	0	1	0	-1	-1
14	290	1	-1	-1	-1	-1	1
15	285	1	-1	-1	-1	-1	1
16	290	1	-1	-1	-1	-1	1
17	220	-1	-1	-1	1	1	-1
18	225	-1	-1	-1	1	1	-1
19	230	-1	-1	-1	1	1	-1

回帰分析の結果のうち，分散分析表のみ掲載する。

分散分析表

	自由度	変動	分散	観測された分散比	有意 F	
回帰	5	15516.6667	3103.3333	58.8000	0.0000	
残差	12	633.3333	52.7778			
合計	17	16150.0000				$R(A, B, AB)$

分散分析表

	自由度	変動	分散	観測された分散比	有意 F	
回帰	4	1066.6667	266.6667	0.2298	0.9167	
残差	13	15083.3333	1160.2564			
合計	17	16150.0000				$R(B, AB)$

分散分析表

	自由度	変動	分散	観測された分散比	有意 F	
回帰	3	14583.3333	4861.1111	43.4397	0.0000	
残差	14	1566.6667	111.9048			
合計	17	16150.0000				$R(A, AB)$

分散分析表

	自由度	変動	分散	観測された分散比	有意 F	
回帰	3	15383.3333	5127.7778	93.6377	0.0000	
残差	14	766.6667	54.7619			
合計	17	16150.0000				$R(A, B)$

上の分散分析表より，主効果，交互作用の調整済み平方和を計算し，以下の分散分析表にまとめる。

分散分析表					
変動因	自由度	調整済み平方和	調整済み平均平方和	F-値	p-値
ガラスの種類	1	14450.0000	14450.0000	273.7895	0.0000 ←
蛍光体の種類	2	933.3333	466.6667	8.8421	0.0044 ←
ガラスと蛍光体の交互作用	2	133.3333	66.6667	1.2632	0.3178 ←
誤差	12	633.3333	52.7778		
合計	17	16150.0000			

4. (1) モデルは

$$Y_{ijk} = \mu + \tau_i + \beta_j + (\tau\beta)_{ij} + \varepsilon_{ijk} \qquad \begin{array}{l} i=1,2 \\ j=1,2,3 \\ k=1,2,3 \end{array}$$

ここで，

Y_{ijk} は，要因Aの i 番目の水準，要因Bの j 番目の水準，k 番目の確率変数

y_{ijk} は，要因Aの i 番目の水準，要因Bの j 番目の水準，k 番目の観測値

μ は，母集団の総平均

τ_i は，要因A，ガラスの種類，の i 番目の水準による効果

β_j は，要因B，蛍光体の種類，の j 番目の水準による効果

$(\tau\beta)_{ij}$ は，ガラスの種類の i 番目の水準と蛍光体の種類の j 番目の水準による，交互作用の効果

ε_{ijk} は，ガラスの種類の i 番目の水準，蛍光体の種類の j 番目の水準，k 番目の誤差で，独立で，平均0，すべての要因の水準の組み合わせに共通で未知の分散 σ^2 をもつ正規分布に従うと仮定する。

(2)

ガラスの種類の主効果に対する仮説は

$H_0 : \tau_1 = \tau_2$ （ガラスの種類の主効果がない）

$H_1 : \tau_1 \neq \tau_2$ （ガラスの種類の主効果がある）

有意水準を $\alpha = 0.05$ とすると，検定の規則は

 (a) p-値 $< \alpha$ であれば，帰無仮説 H_0 を棄却し，対立仮説 H_1 を採択する。

 (b) p-値 $\geq \alpha$ であれば，帰無仮説 H_0 を棄却しない。

で，分散分析表の p-値は $0.0000 < 0.05 =$ 有意水準より，有意水準5％で帰無仮説を棄却し，対立仮説を採択する。ガラスの主効果がある。したがってガラスの種類を変えることにより，平均電流が変わる。

蛍光体の種類の主効果についての仮説は

$H_0 : \beta_1 = \beta_2 = \beta_3$ （蛍光体の主効果がない）

$H_1 :$ 少なくとも一組の (i, j) について $\beta_i \neq \beta_j$ $(1 \leq i, j \leq 3)$ （蛍光体の主効果がある）

有意水準を $\alpha = 0.05$ とすると,検定の規則は
- (a) p-値 $< \alpha$ であれば,帰無仮説 H_0 を棄却し,対立仮説 H_1 を採択する。
- (b) p-値 $\geq \alpha$ であれば,帰無仮説 H_1 を棄却しない。

で,分散分析表の p-値は $0.0044 < 0.05 = $ 有意水準より,有意水準5％で帰無仮説を棄却し,対立仮説を採択する。蛍光体の主効果がある。したがって,蛍光体の種類を変えることにより,平均電流が変わる。

ガラスの種類と蛍光体の種類の交互作用についての仮説は

H_0:すべての (i, j) と (i', j') について $(\tau\beta)_{ij} = (\tau\beta)_{i'j'}$ ($1 \leq i, i' \leq 2; 1 \leq j, j' \leq 3$)

H_1:少なくとも一組の (i, j) と (i', j') について $(\tau\beta)_{ij} \neq (\tau\beta)_{i'j'}$ ($1 \leq i, i' \leq 2; 1 \leq j, j' \leq 3$)

有意水準を $\alpha = 0.05$ とすると,検定の規則は
- (a) p-値 $< \alpha$ であれば,帰無仮説 H_0 を棄却し,対立仮説 H_1 を採択する。
- (b) p-値 $\geq \alpha$ であれば,帰無仮説 H_0 を棄却しない。

で,分散分析表の p-値は $0.3178 > 0.05 = $ 有意水準より,有意水準5％で帰無仮説を棄却しない。交互作用があるといえるほどの証拠はなかった。

5. 使用したデータは

	A	B	C	D	E	F	G
1	Response	A	B1	B2	AB1	AB2	A
2	277	1	1	0	1	0	1
3	265	1	1	0	1	0	1
4	232	-1	1	0	-1	0	-1
5	226	-1	1	0	-1	0	-1
6	238	-1	1	0	-1	0	-1
7	659	1	0	1	0	1	1
8	652	1	0	1	0	1	1
9	667	1	0	1	0	1	1
10	613	-1	0	1	0	-1	-1
11	605	-1	0	1	0	-1	-1
12	241	1	-1	-1	-1	-1	1
13	252	1	-1	-1	-1	-1	1
14	232	-1	-1	-1	1	1	-1
15	226	-1	-1	-1	1	1	-1
16	240	-1	-1	-1	1	1	-1

回帰分析の結果のうち，分散分析の結果のみをまとめると以下のようになる。

分散分析表

	自由度	変動	分散	観測された分散比	有意 F
回帰	5	528828.1667	105765.6333	2125.5468	0.0000
残差	9	447.8333	49.7593		
合計	14	529276.0000			

$R(A, B, AB)$

分散分析表

	自由度	変動	分散	観測された分散比	有意 F
回帰	4	524570.8222	131142.7056	278.7200	0.0000
残差	10	4705.1778	470.5178		
合計	14	529276.0000			

$R(B, AB)$

分散分析表

	自由度	変動	分散	観測された分散比	有意 F
回帰	3	45193.3000	15064.4333	0.3423	0.7953
残差	11	484082.7000	44007.5182		
合計	14	529276.0000			

$R(A, AB)$

分散分析表

	自由度	変動	分散	観測された分散比	有意 F
回帰	3	527990.5444	175996.8481	1506.0539	0.0000
残差	11	1285.4556	116.8596		
合計	14	529276.0000			

$R(A, B)$

上の分散分析表より，主効果，交互作用の調整済み平方和を計算し，以下の分散分析表にまとめる。

分散分析表

変動因	自由度	調整済み平方和	調整済み平均平方和	F-値	p-値
要因A	1	4257.3444	4257.3444	85.5588	0.0000
要因B	2	483634.8667	241817.4333	4859.7475	0.0000
交互作用	2	837.6222	418.8111	8.4167	0.0087
誤差	9	447.8333	49.7593		
合計	14	529276.0000			

5．(1) モデルは

$$Y_{ijk} = \mu + \tau_i + \beta_j + (\tau\beta)_{ij} + \varepsilon_{ijk}$$

$i = 1, 2$
$j = 1, 2, 3$
$k = 1, \cdots, n_{ij}$

ここで

Y_{ijk} は，要因Aのi番目の水準，要因Bのj番目の水準，k番目の確率変数

y_{ijk} は，要因Aのi番目の水準，要因Bのj番目の水準，k番目の観測値

μ は，母集団の総平均

τ_i は，要因 A の i 番目の水準による効果

β_j は，要因 B の j 番目の水準による効果

$(\tau\beta)_{ij}$ は，要因 A の i 番目の水準と要因 B の j 番目の水準による，交互作用の効果

ε_{ij} は，要因 A の i 番目の水準，要因 B の j 番目の水準，k 番目の誤差で，独立で，平均 0，すべての要因の水準の組み合わせに共通で未知の分散 σ^2 をもつ正規分布に従うと仮定する。

(2)

要因 A の主効果に対する仮説は

$H_0 : \tau_1 = \tau_2$　　（要因 A の主効果がない）

$H_1 : \tau_1 \neq \tau_2$　　（要因 A の主効果がある）

有意水準を $\alpha = 0.05$ とすると，検定の規則は

(a)　p-値 $< \alpha$ であれば，帰無仮説 H_0 を棄却し，対立仮説 H_1 を採択する。

(b)　p-値 $\geq \alpha$ であれば，帰無仮説 H_0 を棄却しない。

で，分散分析表の p-値は $0.0000 < 0.05 =$ 有意水準より，有意水準 5% で帰無仮説を棄却し，対立仮説を採択する。要因 A の主効果がある。従って要因 A の水準を変えることにより，反応の平均が変わる。

要因 B の主効果についての仮説は

$H_0 : \beta_1 = \beta_2 = \beta_3$　　（要因 B の主効果がない）

$H_1 :$ 少なくとも一組の (i, j) について $\beta_i \neq \beta_j$　　$(1 \leq i, j \leq 3)$（要因 B の主効果がある）

有意水準を $\alpha = 0.05$ とすると，検定の規則は

(a)　p-値 $< \alpha$ であれば，帰無仮説 H_0 を棄却し，対立仮説 H_1 を採択する。

(b)　p-値 $\geq \alpha$ であれば，帰無仮説 H_0 を棄却しない。

で，分散分析表の p-値は $0.0000 < 0.05 =$ 有意水準より，有意水準 5% で帰無仮説を棄却し，対立仮説を採択する。要因 B の主効果がある。従って要因 B の水準を変えることにより，反応の平均が変わる。

要因 A と要因 B の交互作用についての仮説は

$H_0 :$ すべての (i, j) と (i', j') について $(\tau\beta)_{ij} = (\tau\beta)_{i'j'}$　　$(1 \leq i, i' \leq 2; 1 \leq j, j' \leq 3)$

$H_1 :$ 少なくとも一組の (i, j) と (i', j') について $(\tau\beta)_{ij} \neq (\tau\beta)_{i'j'}$　　$(1 \leq i, i' \leq 2; 1 \leq j, j' \leq 3)$

有意水準を $\alpha = 0.05$ とすると，検定の規則は

(a)　p-値 $< \alpha$ であれば，帰無仮説 H_0 を棄却し，対立仮説 H_1 を採択する。

(b)　p-値 $\geq \alpha$ であれば，帰無仮説 H_0 を棄却しない。

で，分散分析表の p-値は $0.0087 < 0.05 =$ 有意水準より，有意水準 5% で帰無仮説を棄却し対

立仮説を採択する。交互作用がある。要因A，要因Bの主効果だけでなく，水準の選び方によって，主効果の和以上の反応の平均がある。

6． この問題で使用するデータは

反応	A1	A2	B1	B2	A1B1	A1B2	A2B1	A2B2	A1	A2
14.2	1	0	1	0	1	0	0	0	1	0
13.5	1	0	1	0	1	0	0	0	1	0
11.8	1	0	1	0	1	0	0	0	1	0
20.4	0	1	1	0	0	0	1	0	0	1
21.1	0	1	1	0	0	0	1	0	0	1
19.6	0	1	1	0	0	0	1	0	0	1
17	-1	-1	1	0	-1	0	-1	0	-1	-1
16.2	-1	-1	1	0	-1	0	-1	0	-1	-1
16.2	1	0	0	1	0	1	0	0	1	0
17.5	1	0	0	1	0	1	0	0	1	0
23.9	0	1	0	1	0	0	0	1	0	1
23.5	0	1	0	1	0	0	0	1	0	1
21.1	0	1	0	1	0	0	0	1	0	1
20.9	-1	-1	0	1	0	-1	0	-1	-1	-1
21.2	-1	-1	0	1	0	-1	0	-1	-1	-1
23.9	-1	-1	0	1	0	-1	0	-1	-1	-1
19.4	1	0	-1	-1	-1	-1	0	0	1	0
21.5	1	0	-1	-1	-1	-1	0	0	1	0
18.8	1	0	-1	-1	-1	-1	0	0	1	0
21.8	0	1	-1	-1	0	0	-1	-1	0	1
19.8	0	1	-1	-1	0	0	-1	-1	0	1
22.1	0	1	-1	-1	0	0	-1	-1	0	1
15.7	-1	-1	-1	-1	1	1	1	1	-1	-1
14.2	-1	-1	-1	-1	1	1	1	1	-1	-1
18.6	-1	-1	-1	-1	1	1	1	1	-1	-1

回帰分析の結果のうち，分散分析表のみをまとめて以下に掲載する。

分散分析表

	自由度	変動	分散	観測された分散比	有意 F	
回帰	8	240.9633	30.1204	14.8110	0.0000	
残差	16	32.5383	2.0336			
合計	24	273.5016				$R(A,B,AB)$

分散分析表

	自由度	変動	分散	観測された分散比	有意 F	
回帰	6	138.5400	23.0900	3.0795	0.0297	
残差	18	134.9616	7.4979			
合計	24	273.5016				$R(B,AB)$

分散分析表

	自由度	変動	分散	観測された分散比	有意 F	
回帰	6	182.5676	30.4279	6.0231	0.0013	
残差	18	90.9340	5.0519			
合計	24	273.5016				$R(A,AB)$

分散分析表

	自由度	変動	分散	観測された分散比	有意 F	
回帰	4	171.2625	42.8156	8.3756	0.0004	
残差	20	102.2391	5.1120			
合計	24	273.5016				$R(A,B)$

上の分散分析表より，主効果，交互作用の調整済み平方和を計算し，以下の分散分析表にまとめる。

分散分析表

変動因	自由度	調整済み平方和	調整済み平均平方和	F-値	p-値
要因A	2	102.4232	51.2116	25.1822	0.0000
要因B	2	58.3957	29.1979	14.3574	0.0003
交互作用	4	69.7008	17.4252	8.5685	0.0007
誤差	16	32.5383	2.0336		
合計	24	273.5016			

6．(1) モデルは

$$Y_{ijk} = \mu + \tau_i + \beta_j + (\tau\beta)_{ij} + \varepsilon_{ijk}$$

$i=1,2,3$
$j=1,2,3$
$k=1,\cdots,n_{ij}$

ここで

Y_{ijk} は，要因 A の i 番目の水準，要因 B の j 番目の水準，k 番目の確率変数

y_{ijk} は，要因 A の i 番目の水準，要因 B の j 番目の水準，k 番目の観測値

μ は，母集団の総平均

τ_i は，要因 A の i 番目の水準による効果

β_j は，要因 B の j 番目の水準による効果

$(\tau\beta)_{ij}$ は,要因 A の i 番目の水準と要因 B の j 番目の水準による,交互作用の効果
ε_{ijk} は,要因 A の i 番目の水準,要因 B の j 番目の水準,k 番目の誤差で,独立で,平均 0,全ての要因の水準の組み合わせに共通で未知の分散 σ^2 をもつ正規分布に従うと仮定する。

(2)
要因 A の主効果に対する仮説は

H_0 : $\tau_1 = \tau_2 = \tau_3$ （要因 A の主効果がない）

H_1 : 少なくとも一組の (i, j) について $\tau_i \neq \tau_j$ （$1 \leq i, j \leq 3$）（要因 A の主効果がある）

有意水準を $\alpha = 0.05$ とすると,検定の規則は

(a) p-値 $< \alpha$ であれば,帰無仮説 H_0 を棄却し,対立仮説 H_1 を採択する。

(b) p-値 $\geq \alpha$ であれば,帰無仮説 H_0 を棄却しない。

で,分散分析表の p-値は $0.0000 < 0.05 =$ 有意水準より,有意水準 5％で帰無仮説を棄却し,対立仮説を採択する。要因 A の主効果がある。従って要因 A の水準を変えることにより,反応の平均が変わる。

要因 B の主効果についての仮説は

H_0 : $\beta_1 = \beta_2 = \beta_3$ （要因 B の主効果がない）

H_1 : 少なくとも一組の (i, j) について $\beta_i \neq \beta_j$ （要因 B の主効果がある）

有意水準を $\alpha = 0.05$ とすると,検定の規則は

(a) p-値 $< \alpha$ であれば,帰無仮説 H_0 を棄却し,対立仮説 H_1 を採択する。

(b) p-値 $\geq \alpha$ であれば,帰無仮説 H_0 を棄却しない。

で,分散分析表の p-値は $0.0003 < 0.05 =$ 有意水準より,有意水準 5％で帰無仮説を棄却し,対立仮説を採択する。要因 B の主効果がある。従って要因 B の水準を変えることにより,反応の平均が変わる。

要因 A と要因 B の交互作用についての仮説は

H_0 : すべての (i, j) と (i', j') について $(\tau\beta)_{ij} = (\tau\beta)_{i'j'}$ （$1 \leq i, i', j, j' \leq 3$）

H_1 : 少なくとも一組の (i, j) と (i', j') について $(\tau\beta)_{ij} \neq (\tau\beta)_{i'j'}$ （$1 \leq i, i', j, j' \leq 3$）

有意水準を $\alpha = 0.05$ とすると,検定の規則は

(a) p-値 $< \alpha$ であれば,帰無仮説 H_0 を棄却し,対立仮説 H_1 を採択する。

(b) p-値 $\geq \alpha$ であれば,帰無仮説 H_0 を棄却しない。

で,分散分析表の p-値は $0.0007 < 0.05 =$ 有意水準より,有意水準 5％で帰無仮説を棄却する。したがって,交互作用がある。

7.

「データ」，「データ分析」，「分散分析：繰り返しのない二元配置」を選び以下のように入力すると，下のような分散分析表が得られる。

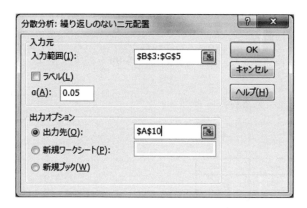

	A	B	C	D	E	F	G
24							
25	分散分析表						
26	変動要因	変動	自由度	分散	観測された分散比	P-値	F 境界値
27	行	178.11111	2	89.055556	13.93913043	0.0012825	4.102821
28	列	134.94444	5	26.988889	4.224347826	0.0252108	3.3258345
29	誤差	63.888889	10	6.3888889			
30							
31	合計	376.94444	17				

よって，主要因(時刻)の p-値は 0.0012825 である。時刻差がみられることがわかる。

8.

「データ」，「データ分析」，「分散分析：繰り返しのない二元配置」を選び入力範囲に「B3：B5」と入力すると，下のような分散分析表が得られる。

	A	B	C	D	E	F	G
23							
24	分散分析表						
25	変動要因	変動	自由度	分散	観測された分散比	P-値	F 境界値
26	行	258.1333	2	129.0667	13.97833935	0.00245	4.45897
27	列	101.7333	4	25.43333	2.754512635	0.103871	3.837853
28	誤差	73.86667	8	9.233333			
29							
30	合計	433.7333	14				

よって，主要因(バットの種類)の p-値は 0.0024504 である。バットの種類により飛距離に差があることがわかる。

13-9 適合度，独立性の検定 ── 演習問題

問題 p.123

1.

H_0：AA, Aa, aa, 3種類の遺伝子の対が1：2：1で生ずる（遺伝法則に適合）。

H_1：H_0は成立しない（遺伝法則に適合しない）。

以下のような計算結果により，x^2の値は7.5で，これは $\chi^2_{0.05,2}=5.99$ を超えている。よって，H_0は棄却され，H_1が採択される。

有意水準5%のもとで，この遺伝法則への適合性は棄却される。

	A	B	C	D	E
1	適合度の検定				
2	種類	AA	Aa	aa	計
3	観測度数	55	140	45	240
4	H_0	1	2	1	4
5	期待度数	60	120	60	240
6	(O-E)^2/E	0.41666667	3.33333333	3.75	7.5
7					
8	x^2 =	7.5			
9	$\chi^2_{0.05,2}$ =	5.99146455			

2.

H_0：主な契約携帯会社と所属学部は独立である。

H_1：主な契約携帯会社と所属学部は独立でない。

以下のように観測度数の表を作成し，独立性を仮定した期待度数を推定し，x^2を求める。x^2の値は9.07で，これは $\chi^2_{0.05,6}=12.59$ を超えていない。

よって，H_0は棄却されない。

有意水準5%のもとで，主な契約携帯会社と所属学部が独立であることを棄却できない。

	A	B	C	D	E	F
1	観測度数					
2		工学部	教育学部	法学部	芸術学部	計
3	A社	20	27	25	29	101
4	B社	21	25	35	15	96
5	C社	25	20	28	30	103
6	計	66	72	88	74	300

	A	B	C	D	E	F
8	期待度数(推定値)					
9		工学部	教育学部	法学部	芸術学部	計
10	A社	22.22	24.24	29.62667	24.91333	101
11	B社	21.12	23.04	28.16	23.68	96
12	C社	22.66	24.72	30.21333	25.40667	103
13	計	66	72	88	74	300

	A	B	C	D	E	F
15	$(O-\hat{E})^2/\hat{E}$					
16		工学部	教育学部	法学部	芸術学部	計
17	A社	0.22180018	0.3142574	0.7225263	0.6703577	1.928941543
18	B社	0.000681818	0.1687361	1.6614205	3.1816892	5.010527573
19	C社	0.241641659	0.9012298	0.1621418	0.83044	2.135453194
20	計	0.464123658	1.3822233	2.5460885	4.6824868	9.07492231
21						
22	$x^2 =$	9.07492231				
23	$\chi^2_{0.05,6} =$	12.5915872				

3.

H_0：薬剤の種類と寛解の有無は独立である。

H_1：薬剤の種類と寛解の有無は独立でない。

	寛解	非寛解	計
プラセボ群	7	9	16
新薬群	12	2	14
計	19	11	30

$\min\{b, c\} = 9$, $\min\{a, d\} = 2$，よって p_{-9} から p_2 まで計算すると

$p_{-9} = 6.66 \times 10^{-6} (< p_0)$, $p_{-8} = 0.000293 (< p_0)$, $p_{-7} = 0.004398 (< p_0)$,

$p_{-6} = 0.030785 (> p_0)$, $p_{-5} = 0.114343 (> p_0)$, $p_{-4} = 0.24012 (> p_0)$,

$p_{-3} = 0.29348 (> p_0)$, $p_{-2} = 0.209629 (> p_0)$, $p_{-1} = 0.085757 (> p_0)$,

$p_0 = 0.019057$, $p_1 = 0.002052 (< p_0)$, $p_2 = 8 \times 10^{-5} (< p_0)$

ゆえに，p-値は $p = p_{-9} + p_{-8} + p_{-7} + p_0 + p_1 + p_2 = 0.026$ となる。p-値 < 0.05 より H_0 は棄却され，H_1 が採択される。有意水準5％のもとで，薬剤の種類と寛解の有無は独立でないといえる。

13-10 生存時間分析—演習問題

問題 p. 136

1. (1) 12-1の例に続けて，以下のように表を作成する。

	A	B	C	D	E	F	G	H	I	J
11	t_i	0	7	14	25	38	48	58	65	72
12	c_i	0	0	0	0	2	0	2	0	1
13	d_i	0	2	1	1	0	3	1	2	1
14	s_i	16	16	14	13	12	10	7	4	2
15	$\hat{S}(t)$	1	0.875	0.8125	0.75	0.75	0.525	0.45	0.225	0.1125
16	√の中身	0	0.00893	0.014423	0.02083	0.020833	0.06369	0.0875	0.3375	0.8375
17	SE	0	0.08268	0.097578	0.10825	0.108253	0.13249	0.133112	0.130713	0.10295

(2) (1)で作成した表について，生存率が落ちている箇所に着目して編集を行う(12-1の例題を参照)。

	A	B	C	D	E	F	G	H	I	J	K	L	M	N	O	P	Q
29																	
30	t_i	0	7	7	14	14	25	25	38	48	48	58	58	65	65	72	72
31	c_i	0		0		0		0	2		0		2		0		1
32	d_i	0		2		1		1	0		3		1		2		1
33	s_i	16		16		14		13	12		10		7		4		2
34	$\hat{S}(t)$	1	1	0.875	0.875	0.8125	0.8125	0.75	0.75	0.525	0.525	0.45	0.45	0.225	0.225	0.1125
35	√の中身	0		0.008929		0.014423		0.020833	0.020833		0.06369		0.0875		0.3375		0.8375
36	SE	0		0.08268		0.097578		0.108253	0.108253		0.13249		0.133112		0.130713		0.102954

A30：Q30セル範囲を選択後，Ctrlキーを押したままA34：Q34セル範囲を選択する。メニューから「挿入」—>「グラフ」—>「散布図(直線)」とクリックすれば生存曲線が描かれる。その後，「クイックレイアウト1」を選び，タイトル，凡例項目名，軸ラベルの編集を行って次を得る。

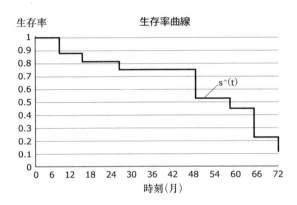

(3)

C18セル = C17/(−C15*LN(C15))

C19セル = EXP(1.96*C18)

C20セル = C15^C19

C21セル = C15^(1/C19)

で求める。あとは，C18：C21セル範囲をコピーしてD18：J21セル範囲に貼り付ければよい。以下のようになる。

	A	B	C	D	E	F	G	H	I	J
15	$\hat{S}(t)$	1	0.875	0.8125	0.75	0.75	0.525	0.45	0.225	0.1125
16	√の中身	0	0.00893	0.014423	0.02083	0.020833	0.06369	0.0875	0.3375	0.8375
17	SE	0	0.08268	0.097578	0.10825	0.108253	0.13249	0.133112	0.130713	0.10295
18	変換後のSE		0.70763	0.578388	0.50173	0.501726	0.39166	0.370446	0.389465	0.41887
19	E_i		4.00266	3.106947	2.67349	2.673485	2.15471	2.06695	2.145455	2.27274
20	95%CI		0.58597	0.524597	0.46342	0.463424	0.24947	0.191959	0.040751	0.00697
21			0.96719	0.935354	0.89798	0.897982	0.74153	0.679552	0.498943	0.38239

2. 12-1の例で描いた生存率曲線の図の上で右クリックして「データの選択」—>「追加」とクリックする。1.（2）で作成した数値はエクセルのsheet1にあるとする。

系列名に「生存率 $\hat{S}2\_(t)$」

系列Xの値は，B30：Q30セル範囲をドラッグ

系列Yの値は，B34：Q34セル範囲をドラッグ

以上入力後「OK」をクリックする。グラフは

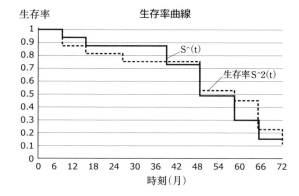

3. ログランク検定，一般化 Wilcoxon 検定に必要な統計量を計算する。

▲	A	B	C	D	E	F	G	H	I	J	K
34											計
35		e_i	0.461538	1.32	1.636364	1.235294	0.923077	0.222222	0.375	0	6.173495
36		$d_i - e_i$	0.538462	0.68	0.363636	0.764706	1.076923	0.777778	0.625	0	4.826505
37		v_i	0.248521	0.6776	0.828808	0.635813	0.532544	0.17284	0.234375	0	3.3305
38	weight付き	$D_i - E_i$	14	17	8	13	14	7	5	0	78
39	weight付き	V_i	168	423.5	401.1429	183.75	90	14	15	0	1295.393
40											

ログランク検定：M-H χ^2-値は

= K36^2/K37 で求められる。p-値は

= CHIDIST(K42, 1)で求める。

一般化 Wilcoxon 検定：χ^2-値は

=K38^2/K39 で求められる。p-値は

=CHIDIST(K45, 1)で求める。

▲	I	J	K
41			
42		M-H χ^2	6.994489
43		P-値	0.008176
44			
45		一般化Wilcoxon χ^2	4.696645
46		P-値	0.030222

4．各群の生存率と標準誤差は，以下の通りである。

	A	B	C	D	E	F	G	H	I	J	K	L
48												
49	時刻	t_i	0	3	6	9	12	15	18	21	24	計
50	A 群	c_i	0	0	0	0	1	0	0	0	0	
51		d_i	0	1	2	2	2	2	1	1	0	11
52		s_i	12	12	11	9	7	4	2	1	0	
53		$\hat{S}(t)$	1	0.9166667	0.75	0.583333	0.416667	0.208333	0.104167	0	0	
54		√の中身	0	0.0075758	0.027778	0.059524	0.116667	0.366667	0.866667			
55		SE	0	0.0797856	0.125	0.142319	0.142319	0.126152	0.096974			
56	B 群	c_i	0	0	0	1	0	1	0	0	0	
57		d_i	0	0	1	2	1	1	0	2	1	8
58		s_i	14	14	14	13	10	9	7	7	5	
59		$\hat{S}(t)$	1	1	0.928571	0.785714	0.707143	0.628571	0.628571	0.4489796	0.359184	
60		√の中身	0	0	0.005495	0.019481	0.030592	0.044481	0.044481	0.1016234	0.151623	
61		SE	0	0	0.06883	0.109664	0.123683	0.132568	0.132568	0.1431276	0.139862	

両群を同時にグラフに描くと

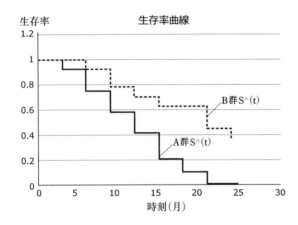

参考文献

Chatfield, C. (1983). *Statistics for Technology: A Course in Applied Statistics, 3rd Edition,* Chapman and Hall/CRC, Boca Raton, Florida.

Cooper R. A. and Weekes A. J. (1983). *Data, Models and Statistical Analysis*, Barnes and Noble Books, Totowa, New Jersey.

Cramér, H. (1946). *Methematical Methods of Statistics*, Princeton University Press, Kaigai Publication Limited, Tokyo.

Draper, N. R. and Smith, H. (1981). *Applied Regression Analysis*, 2nd *Edition*, Wiley, New York.

Freeman, G. H. and Halton, J. H. (1951). Note on an exact treatment of contingency, goodness of fit and other problems of significance, *Biometrika*, 38, 141-149.

Hayter, A. J. (1984). A proof of the conjecture that the Tukey-Kramer multiple comparison procedure is conservative, *Annals of Statistics*, 12, 61-75.

Hayter, A. J. (1986). The maximum familywise error rate of Fisher's least significant difference test, *Journal of the American Statistical* Association, 81, 1000-1004.

Herr, D.G. (1986). On the history of ANOVA in unbalanced, factorial designs: The first 30 year, *American Statistician*, Vol. 40, No. 4, 265-270.

Hogg, R. V. and Craig, A. T. (1970). *Introduction to Mathematical Statistics*, 3rd *Edition*, Macmillan Publishing Co. Inc., New York.

Kvanli, A. H., Pavur, R. J. and Keeling, K. B. (2003). *Introduction to Business Statistics*, 6th *Edition*, Thompson, South Western, Ohio U.S.A.

Montgomery, D. G. (1997). *Design and Analysis of Experiments*, 4th *Edition*, Wiley, New York.

奥野忠一,久米均,芳賀敏郎,吉澤正,(1971).多変量解析法,日科技連,東京.

Rees, D. G. (1987). *Foundations of Statistics*, Chapman & Hall/CRC, Boca Raton, Florida.

Searle, S. R. (1971). *Linear Models*, Wiley, New York.

竹内啓(1958).数理統計学,東洋経済新報社,東京

竹内啓編集委員代表(1989).統計学辞典,東洋経済新報社,東京

索　引

あ

- イエイツの連続修正 ……………… 123
- 一元配置分散分析 ………………… 92
  - 対応がある場合 ……………… 112
- 位置の尺度 ………………………… 9
- 一様分布 …………………………… 22
- 一対の標本による平均の検定 …… 55
- 一般線形混合モデル ……………… 112
- うちきり …………………………… 126
- F 分布 …………………………… 60
- 大きさ n の標本 ………………… 15, 25

か

- カイ 2 乗分布 ……………………… 118
- 回帰式 ……………………………… 69
- 回帰係数 …………………………… 74
- 回帰直線 …………………………… 67
- 回帰直線による平方和 …………… 70
- 回帰により説明される変動平方和 … 75
- 回帰平方和 ………………………… 75
- 回帰変動和 ………………………… 75
- 確率 ………………………………… 17
- 確率関数 …………………………… 19
- 確率分布 …………………………… 19
- 確率分布関数 ……………………… 19
- 確率変数 …………………………… 19
  - 離散型の確率変数 …………… 19
  - 連続型の確率変数 …………… 20
- 確率密度関数 ……………………… 20
- カプラン-マイヤー生存時間の推定 … 126
- 記述統計学 ………………………… 9
- 帰無仮説 …………………………… 36
- 寄与率 …………………………… 70, 76
- 空事象 ……………………………… 17
- 区間推定 …………………………… 25
- グリーンウッドの公式 …………… 128
- 決定係数 …………………………… 76
- 検定 …………………………… 34, 35
  - Fisher - Freeman - Halton 検定 … 124
  - 一般化ウィルコクソン検定 … 135
  - 片側検定 ……………………… 36
  - コルモゴルフ・スミルノフ検定 … 114
  - シャピロ・ウィルク検定 …… 114
  - 適合度のカイ 2 乗検定 ……… 118
  - 等分散性の片側検定 ………… 62
  - 等分散性の検定 ……………… 60
  - 等分散性の両側検定 ………… 60
  - 等分散を仮定した 2 標本による検定 … 45
  - 独立性のカイ 2 乗検定 ……… 121
  - 独立な 2 標本の母平均の差の検定 … 44
  - 分散が等しくないと仮定した 2 標本による検定 … 50
  - マンテル-ヘンツェル検定 … 135
  - 両側検定 ……………………… 36
  - ログランク検定 ……………… 133
- 検定の規則 ………………………… 36
- 交互作用 …………………………… 102
- 誤差の平方和 ……………………… 103
- 誤差平方和 ………………………… 70
- コックス回帰分析 ………………… 136
- コックス比例ハザードモデル …… 136
- 根元事象 …………………………… 17

さ

- 最小 2 乗法 …………………… 66, 74
- 三元配置分散分析 ………………… 112
- 残差二乗和 ………………………… 70
- 残差平方和 ………………………… 75
- 試行 ………………………………… 17
- 事象 ………………………………… 17
- 事象空間 …………………………… 17
- 重回帰式 …………………………… 74
- 重回帰分析 ………………………… 74
- 重回帰モデル ……………………… 74
- 重相関係数 ………………………… 76

主効果・・・・・・・・・・・・・・・・・・・・・・・・・・・100, 103
処理法・・・・・・・・・・・・・・・・・・・・・・・・・・・・・・・・94
処理法による効果・・・・・・・・・・・・・・・・・・・・94
信頼区間・・・・・・・・・・・・・・・・・・・・・・・・・・・・・・26
 等分散を仮定した2標本の母平均の差の
  信頼区間・・・・・・・・・・・・・・・・・・・・・・・・・44
 2つの標本がペアのときの母平均の差の
  信頼区間・・・・・・・・・・・・・・・・・・・・・・・・・54
 分散が等しくないと仮定した2標本の母
  平均の差の信頼区間・・・・・・・・・・・・・・49
水準・・・・・・・・・・・・・・・・・・・・・・・・・・・・・・94, 100
水準数・・・・・・・・・・・・・・・・・・・・・・・・・・・95, 100
水準間の平方和・・・・・・・・・・・・・・・・・・・・・・95
水準内の平方和・・・・・・・・・・・・・・・・・・・・・・95
推測統計学・・・・・・・・・・・・・・・・・・・・・・・・・・・・9
推定・・・・・・・・・・・・・・・・・・・・・・・・・・・・・・・・・・25
 区間推定・・・・・・・・・・・・・・・・・・・・・・・・・・25
 点推定・・・・・・・・・・・・・・・・・・・・・・・・・・・・25
正規分布・・・・・・・・・・・・・・・・・・・・・・・・・・・・・・20
 確率密度関数・・・・・・・・・・・・・・・・・・・・・・20
 標準正規分布・・・・・・・・・・・・・・・・・・・・・・20
 分布関数・・・・・・・・・・・・・・・・・・・・・・・・・・20
生存時間分析・・・・・・・・・・・・・・・・・・・・・・・・126
生存率・・・・・・・・・・・・・・・・・・・・・・・・・・・・・・・127
生存率曲線・・・・・・・・・・・・・・・・・・・・・・・・・・130
積事象・・・・・・・・・・・・・・・・・・・・・・・・・・・・・・・・17
センサリング・・・・・・・・・・・・・・・・・・・・・・・・126
全平方和・・・・・・・・・・・・・・・・・・・・70, 75, 95, 103
全変動・・・・・・・・・・・・・・・・・・・・・・・・・・・・70, 75
相関・・・・・・・・・・・・・・・・・・・・・・・・・・・・・・・・・・83
 正の相関・・・・・・・・・・・・・・・・・・・・・・・・・・83
 負の相関・・・・・・・・・・・・・・・・・・・・・・・・・・83
総平均・・・・・・・・・・・・・・・・・・・・・・・・・・・96, 103
総変動平方和・・・・・・・・・・・・・・・・・・・・・・・・75

た

第3種 (type III) の調整済み平方和・・・・・・110
対立仮説・・・・・・・・・・・・・・・・・・・・・・・・・・・・・・36
多元配置分散分析・・・・・・・・・・・・・・・・・・・102
多重共線性・・・・・・・・・・・・・・・・・・・・・・・・・・・83
多重比較法・・・・・・・・・・・・・・・・・・・・・・・・・・・99

 傾向のある比較・・・・・・・・・・・・・・・・・・・・99
 コクラン法・・・・・・・・・・・・・・・・・・・・・・・・・99
 シェフェ法・・・・・・・・・・・・・・・・・・・・・・・・・99
 対比・・・・・・・・・・・・・・・・・・・・・・・・・・・・・・・・99
 ダネット法・・・・・・・・・・・・・・・・・・・・・・・・・99
 ダン法・・・・・・・・・・・・・・・・・・・・・・・・・・・・・・99
 テューキー法・・・・・・・・・・・・・・・・・・・・・・99
 ノンパラメトリック法・・・・・・・・・・・・・・99
 ハートレイ法・・・・・・・・・・・・・・・・・・・・・・99
 バートレット法・・・・・・・・・・・・・・・・99, 114
 ボックス法・・・・・・・・・・・・・・・・・・・・・・・・・99
 レベン法・・・・・・・・・・・・・・・・・・・・・・・・・・・99
中央値・・・・・・・・・・・・・・・・・・・・・・・・・・・・・・・・11
中心極限定理・・・・・・・・・・・・・・・・・・・・・・・・・21
散らばりの尺度・・・・・・・・・・・・・・・・・・・・・・13
対比較・・・・・・・・・・・・・・・・・・・・・・・・・・・・・・・・92
t 分布・・・・・・・・・・・・・・・・・・・・・・・・・・・・・・・・・25
適合度・・・・・・・・・・・・・・・・・・・・・・・・・・・・・・・118
統計的仮説検定・・・・・・・・・・・・・・・・・・・・・・34

な

二元配置分散分析・・・・・・・・・・・・・・・・・・・102

は

排反事象・・・・・・・・・・・・・・・・・・・・・・・・・・・・・・18
範囲・・・・・・・・・・・・・・・・・・・・・・・・・・・・・・・・・・13
p-値・・・・・・・・・・・・・・・・・・・・・・・・・・・・・・・・・・35
標準偏差・・・・・・・・・・・・・・・・・・・・・・・・・・・・・・13
 不偏分散より得られた標準偏差・・・・・14
 母集団の標準偏差・・・・・・・・・・・・・・・・・・14
 離散型の標準偏差・・・・・・・・・・・・・・・・・・19
 連続型の標準偏差・・・・・・・・・・・・・・・・・・20
標本・・・・・・・・・・・・・・・・・・・・・・・・・・・・・・・・・・・8
標本空間・・・・・・・・・・・・・・・・・・・・・・・・・・・・・・17
標本の大きさ・・・・・・・・・・・・・・・・・・・・・・・・・15
標本平均の分布・・・・・・・・・・・・・・・・・・・・・・21
比例ハザード比・・・・・・・・・・・・・・・・・・・・・137
ファミリー・ワイズ・エラー・・・・・・・・・92
フィッシャーの直接確率法・・・・・・・・・・123
ブロック要因・・・・・・・・・・・・・・・・・・・・・・・・112
分散・・・・・・・・・・・・・・・・・・・・・・・・・・・・・・・・・・13

索引 201

不偏分散·····················14
母集団の分散··················14
離散型の分散··················19
連続型の分散··················20
分散分析·······················92
一元配置分散分析···············92
分析ツールを入れる方法···········28
総平均·························96
平均値··························9
標本平均······················9
母集団の平均値·················9
母平均·······················9
離散型の平均値················19
連続型の平均値················20
ベーレンス-フィッシャー問題········49
変数選択法·····················80
逐次選択法···················83
変数減少法···················80
母集団··························8
母集団の総平均·················94
母集団のパラメータ···············20
補正された寄与率··············70, 76
補正された決定係数···············76

や

有意水準·······················35
要因·······················94, 100
要因Aと要因Bの交互作用による調整済
み平方和······················109
要因Aと要因Bの交互作用による平方和···103
要因Aによる調整済み平方和·········109
要因Aによる平方和···············103
要因Aのi番目と要因Bのj番目の交互作
用の平均値····················103
要因Aのi番目の平均値···········103
余事象·························17

ら

乱数··························21
一様乱数····················21
疑似乱数····················22
離散型のデータ···················8
リッジ回帰·····················84
連続型のデータ···················8

わ

和事象·························17

著者紹介

宇田川誠一(うだがわ　せいいち)
　東京都立大学大学院理学研究科，理学博士
　現在：日本大学医学部教授

谷口哲也(たにぐち　てつや)
　東北大学大学院理学研究科博士後期課程修了(数学専攻)博士(理学)
　現在：日本大学医学部准教授

柳澤幸雄(やなぎさわ　ゆきお)
　University of Newcastle upon Tyne, Department of Statistics 修了 Ph. D.
　現在：日本大学生物資源科学部教授

山下俊恵(やました　としえ)
　中央大学大学院理工学研究科数学専攻，博士課程後期課程修了，理学博士
　現在：日本大学生物資源科学部非常勤講師
　神奈川大学理学部非常勤講師
　秀明大学 IT 教育センター非常勤講師

　　　　　　　　　　　　　　　　　　　　　　　　　五十音順

改訂新版	エクセル統計学
	エクセル2016対応

初版発行2015年4月10日
再版発行2016年2月28日

初版　2018年1月30日

共著者　　宇田川誠一
　　　　　谷口哲也
　　　　　柳澤幸雄
　　　　　山下俊恵

発行者　　森田　富子
発行所　　株式会社　アイ・ケイコーポレーション
　　　　　〒124-0025　東京都葛飾区西新小岩4-37-16
　　　　　メゾンドール I&K
　　　　　Tel 03-5654-3722(営業)　Fax 03-5654-3720

表紙デザイン　㈱エナグ　渡部晶子
組版　ぷりんてぃあ第二／印刷所　㈱メイク

ISBN978-4-87492-353-5　C3041